JN113534

化学基礎＋生物基礎

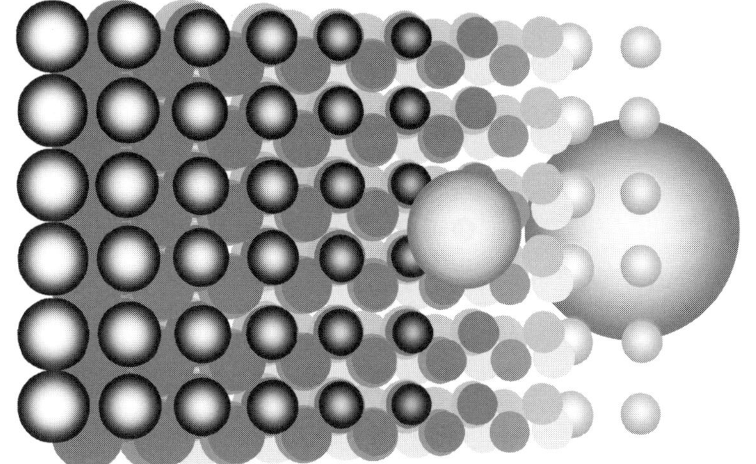

代々木ライブラリー

はじめに

この問題集は,大学入学共通テスト（以下,「共通テスト」と略）対策用として,これまでに実施された共通テスト本試験，追試験，2022年に公表された令和7年度共通テスト試作問題などを分析し，これらの出題傾向に基づいて作成したものです。作成には，これまで多くの共通テスト系模試やテキストなどを作成してきた代々木ゼミナール教材研究センターのスタッフが当たり，良問を精選して編集しました。

共通テストは,「高等学校の段階における基礎的な学習の達成の程度を判定し,大学教育を受けるために必要な能力について把握する」ことを目的に実施されています。出題に当たっては，高等学校において「主体的・対話的で深い学び」を通して育成することとされている「深い理解を伴った知識の質を問う問題や，知識・技術を活用し思考力，判断力，表現力等を発揮して解くことが求められる問題を重視する。その際，言語能力，情報活用能力，問題発見・解決能力等を，教科等横断的に育成することとされていることについても留意する」と公表されています（大学入試センター「大学入学共通テスト問題作成方針」による）。

また,「知識・技術や思考力・判断力・表現力等を適切に評価できるよう，出題科目の特性に応じた学習の過程を重視し,問題の構成や場面設定等を工夫する。例えば，社会や日常の中から課題を発見し解決方法を構想する場面，資料やデータ等を基に考察する場面などを問題作成に効果的に取り入れる」とされています。

過去のセンター試験・共通テストの傾向に加えて，思考力・判断力・表現力を重視した出題，社会生活や日常生活に関する問題発見型の出題，さらに複数の資料やデータを関連づける出題が今後も増加すると予想されます。そのような問題に適切に対処するには，同傾向の問題に幅広く触れ，時間配分をも意識して，実践的な演習を積むことが不可欠です。

本問題集の徹底的な学習，攻略によって，皆さんが見事志望校に合格されることを心より願っています。

代々木ゼミナール教材研究センター

特色と利用法

1. 共通テスト対策の決定版

① 代々木ゼミナール教材研究センターのスタッフが良問を厳選

これまで実施された代々木ゼミナールの共通テスト向け模擬試験やテスト，テキストなどから，本番で出題が予想され，実戦力養成に役立つ良問を厳選して収録しています。また一部の科目では新課程入試に対応するよう新規作成問題を収録しています。

② 詳しい解答・解説付き

2. 共通テストと同一形式

出題形式，難易度，時間，体裁など，本番に準じたものになっています（一部，模試実施時の形式のものがあります）。実戦練習を積み重ねることによって，マークミスなどの不注意な誤りを防ぎ，持てる力を 100％発揮するためのコツが習得できます。

3. 詳しい解答・解説により実力アップ

各回ともにポイントを踏まえた詳しい解説がついています。弱点分野の補強，知識・考え方の整理・確認など，本番突破のための実戦的な学力を養成できます。

4. 効果的な利用法

本書を最も効果的に活用するために，以下の３点を必ず励行してください。

① 制限時間を厳守し，本番に臨むつもりで真剣に取り組むこと

② 自己採点をして，学力のチェックを行うこと

③ 解答・解説をじっくり読んで，弱点補強，知識や考え方の整理に努めること

5. 共通テスト本試験問題と解答・解説を収録

2024年１月に実施された「共通テスト本試験」の問題と解答・解説を収録しています。これらも参考にして，出題傾向と対策のマスターに役立ててください。

CONTENTS

化学基礎

大学入学 共通テスト“出題傾向と対策”

(1) 出題傾向

大問が２題出題され，第１問は小問集合形式で，第２問は総合問題形式の大問である。第１問は小問集合形式のため，出題分野は広く，化学基礎のほとんどの分野から出題される。第２問は，ある一つの物質やテーマに沿って，様々な方向から問う形式の総合問題で，化学基礎の教科書に載っていなかったり，化学基礎ではあまり扱わない物質や事柄を題材としていることもある。基礎から標準的な問題から構成されていることもあるが，思考力を要する問題やグラフを考察する問題など難易度がかなり高いものが含まれていることもある。知識問題は，ほぼ基本的な項目が中心であるが，化学と生活の分野では，やや細かいところまで問われる。計算問題は，計算自体は平易なものが多いが，簡単には立式できないものもある。時間に対して問題量はそれほど多くはないが，考察的な問題を解くのに時間を取られれば，解答するのにあまり余裕はないだろう。

(2) 対　策〈学習法〉

第１問は小問集合形式で，第２問も基礎事項の小問が何問か含まれているので，まずは化学基礎の全分野に渡って穴のないようにしておくことが重要である。教科書や教科書傍用問題集等を使って，化学基礎全分野の基礎力を身につけておきたい。化学基礎は，物質の構成や化学結合などの知識事項を中心とする分野と，物質量や化学反応式，酸・塩基，酸化・還元などの計算を中心とする分野で構成されている。知識分野については，基礎事項はもれなく身につけておく必要がある。計算を含む分野については，まずは理論をしっかり理解することが重要である。その上で，物質量や溶液の濃度の計算問題，化学反応の量的関係の計算問題，酸・塩基，酸化・還元の計算問題の演習を強化しておきたい。その中でも物質量の計算は，すべての化学計算の基礎になっているので非常に重要である。物質量，質量，気体の体積，粒子数の変換を，自在に扱えるようになるまで問題演習を繰り返そう。また，溶液の濃度についても，質量パーセント濃度とモル濃度の換算の問題，溶液中の物質の化学反応式と量的関係の計算，中和滴定・酸化還元滴定の問題など，色々な計算問題に関わってくるので，しっかり理解しておきたい。さらに，溶液を一部取ったり，溶液を希釈したりしたときの計算を間違いなくできるようにしておこう。化学の理解には実験が欠かせないため，共通テストでも出題される可能性がある。物質の分離と精製法，中和滴定，酸化還元滴定などの実験について，原理を理解した上で頭に入れておきたい。物質の精製法では蒸留の実験装置，中和滴定では試薬の調製，指示薬の選定，中和点における溶液の色の変化，滴定曲線などに注意したい。中和滴定・酸化還元滴定では，器具の選定，使い方，洗い方なども出題される可能性がある。知識分野は概ね基本的であるが，化学と人間生活の分野においては，細かい知識が必要な問題が出題される可能性がある。化学と人間生活は，内容が「化学」で学ぶ事柄なので，「化学基礎」しか履修していない受験生にとっては学習しにくいところである。表面的な知識で終わらせがちなので，しくみや流れを理解した上で覚えておきたい。

理系の科目では問題演習は欠かせない。共通テストの小問は過去のセンター試験と内容・難易度とも似ているので，過去のセンター試験を利用するのも有効である。しかしながら，共通テストでは，データを分析する問題や実験を考察する問題，グラフを考察する問題など，単純な知識だけでは解けないものも何問か出題される。したがって，高得点を狙うならば，基礎だけでなく，そのような問題の演習も必要である。これはセンター試験では出題されなかったものなので，模試を受けたり，共通テスト用の問題集，共通テストの過去問などを使って強化しよう。

●出題分野表

分野	単元・テーマ・内容	2023 本試験	2023 追試験	2024 本試験	2024 追試験
化学と生活	生活の中の化学	○	○	○	○
物質の構成	純物質と混合物				
	物質の分離・精製		○	○	○
	元素・単体・化合物・同素体			○	○
	熱運動	○			
	物質の三態	○		○	
	原子の構造	○			
	同位体				○
	電子配置・価電子	○	○	○	○
	イオン		○		
	イオン化エネルギー・電子親和力	○			
	周期表と元素の分類		○	○	
	イオン結合		○		
	共有結合	○	○	○	
	配位結合				○
	金属結合		○		
	分子の形と極性	○		○	
	電気陰性度	○		○	
	分子間に働く力，水素結合		○		
	結晶の性質		○	○	
物質の変化	原子量・物質量	○	○	○	○
	溶解と溶液の濃度	○			○
	化学反応式と量的関係	○	○	○	○
	化学変化における法則			○	
	酸・塩基の定義，強弱，価数			○	○
	水素イオン濃度と pH			○	○
	塩の分類・液性				
	滴定曲線				
	中和滴定	○	○		○
	溶液の調製・滴定実験・実験操作	○			○
	酸化還元と酸化数	○		○	
	酸化剤・還元剤	○	○		
	酸化還元反応		○	○	○
	金属の反応性・イオン化傾向	○	○		
	電池のしくみ			○	
	金属の精錬	○	○		

第　1　回

時間　目安30分（2科目選択で計60分）　　50点　満点

1 ══ 解答にあたっては，実際に試験を受けるつもりで，時間を厳守し真剣に取りくむこと。

2 ══ 巻末のマークシートⒶを切り離しのうえ練習用として利用すること。

3 ══ 解答終了後には，自己採点により学力チェックを行い，別冊の解答・解説をじっくり読んで，弱点補強，知識や考え方の整理などに努めること。

化 学 基 礎

（解答番号 101 ～ 120 ）

必要があれば，原子量は次の値を使うこと。

H 1.0　　C 12　　O 16　　Mg 24　　Al 27

Cl 35.5　　Fe 56　　Zn 65

第1問 次の問い(問1～9)に答えよ。(配点 30)

問1 カルシウムイオン $^{40}_{20}Ca^{2+}$ に含まれる電子の数を，次の①～④のうちから一つ選べ。 101

① 16　　② 18　　③ 20　　④ 22

問2 常温・常圧において，固体が分子結晶を形成する物質として最も適当なものを，次の①～④のうちから一つ選べ。 102

① 酸化マグネシウム MgO
② 銀 Ag
③ 二酸化ケイ素 SiO_2
④ ヨウ素 I_2

問3　窒素とその化合物に関する記述として最も適当なものを，次の①～④のうちから一つ選べ。 103

①　窒素 N は第 2 周期に存在する元素の中で，最も電気陰性度が大きい。

②　窒素分子 N_2 は極性分子である。

③　アンモニウムイオン NH_4^+ の 4 本の N−H 結合は，互いに区別することができない。

④　アンモニア NH_3 は水に溶けると弱酸性を示す。

問4　市販の濃塩酸はモル濃度 12.0 mol/L，密度 1.20 g/cm^3 である。この市販の濃塩酸の質量パーセント濃度は何 % か。最も適当な数値を，次の①～⑤のうちから一つ選べ。 104 %

①　12	②　24	③　37
④　53	⑤　75	

問５　原子番号１～20の原子のイオン化エネルギーを図１に示す。元素 **A** ～ **E** は原子番号１から20までの元素のいずれかである。元素 **A** ～ **E** に関する記述 **ア** ～ **オ** において，正しいものはどれか。正しい組合せとして最も適当なものを，後の①～⓪のうちから一つ選べ。 **105**

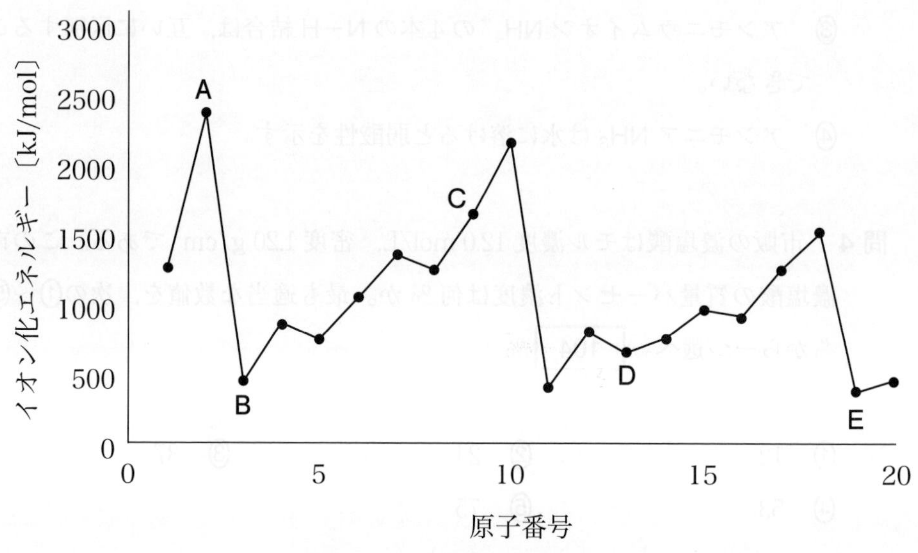

図１　イオン化エネルギー

ア　**A** は，原子番号１から20のすべての元素の中で最も陰性が強い。

イ　**B** は，原子番号１から20のすべての元素の中で最も陽イオンになりやすい。

ウ　**C** は，ハロゲンである。

エ　**D** は，非金属元素である。

オ　**E** は，第４周期に属する。

①　ア，イ　　②　ア，ウ　　③　ア，エ　　④　ア，オ　　⑤　イ，ウ

⑥　イ，エ　　⑦　イ，オ　　⑧　ウ，エ　　⑨　ウ，オ　　⓪　エ，オ

問６　金属 **M** は希硫酸を加えると，水素を発生しながら溶解する。金属 **M** に十分量の希硫酸を加えたときの，金属 **M** の質量と発生した水素の体積(0℃，1.013 × 10^5 Pa における値)の関係を図２に示す。金属 **M** として最も適当なものを，後の①～④のうちから一つ選べ。 106

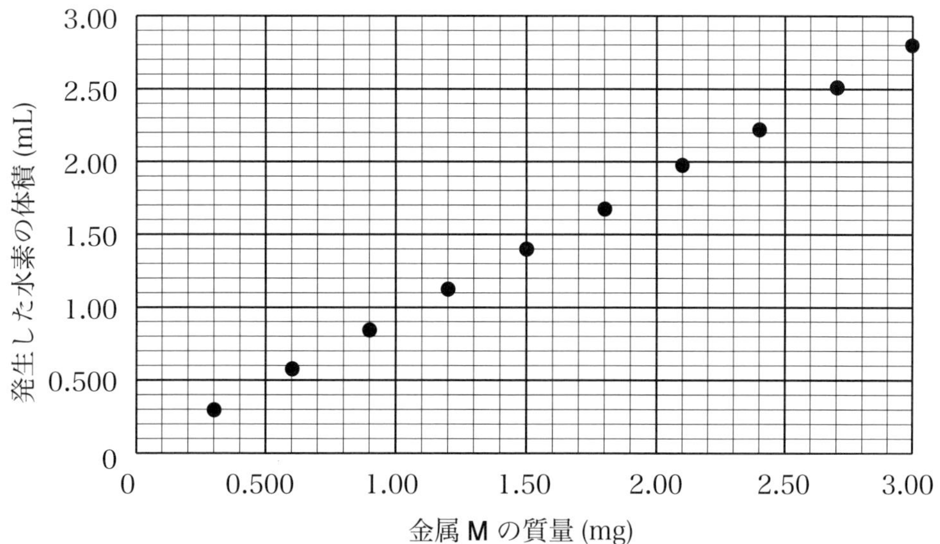

図２　反応させた金属 **M** の質量と発生した水素の体積の関係

①　Mg　　②　Al　　③　Fe　　④　Zn

問７　水溶液が酸性を示す物質として最も適当なものを，次の①～④のうちから一つ選べ。 107

① 塩化アンモニウム　　② 硝酸カリウム
③ 水酸化ナトリウム　　④ 炭酸水素ナトリウム

問８　ある量のアンモニアを 0.100 mol/L の希硫酸 45.0 mL にすべて吸収させたのち，適当な指示薬を加え，残った硫酸を 0.100 mol/L の水酸化ナトリウム水溶液を用いて滴定したところ，40.0 mL 滴下したところで硫酸はすべて中和された。希硫酸に吸収されたアンモニアの体積は，0℃，1.013×10^5 Pa で何 mL か。最も適当な数値を，次の①～⑤のうちから一つ選べ。 108 mL

① 22.4　　② 44.8　　③ 67.2
④ 89.6　　⑤ 112

問９　銅に関する記述として**誤りを含むもの**を，次の①～④のうちから一つ選べ。
109

① 銅板を硫酸亜鉛水溶液に浸すと，亜鉛の単体が析出する。
② 銅片を濃硝酸に加えると溶解する。
③ 銅と亜鉛の合金は，硬貨や楽器などに用いられる。
④ 銅の単体を工業的に製造する過程では，電解精錬が用いられる。

第2問 溶存酸素に関する次の文章を読み，後の問い(**問1～5**)に答えよ。(配点　20)

溶存酸素(Dissolved Oxygen，以下 DO)は，水中に溶解している酸素量を表す数値であり，その濃度を単位体積当たりの酸素の質量(mg/L 単位)で表す。一般に，清浄な河川では DO の値は酸素が溶解しうる最大の値(飽和酸素量)に達しているが，水質汚濁が進むと，好気性微生物による有機物の分解に酸素が消費され，DO の値が低下する。

また，生物化学的酸素要求量(Biochemical Oxygen Demand，以下 BOD)は，水中に存在する有機物が好気性微生物によって分解される酸素量であり，DO の減少量から求められる。

ある河川水の DO を測定するため，次の**操作Ⅰ～Ⅴ**を行った。

操作Ⅰ　河川水を２つの試料びん A，B に 100 mL ずつ採取した。

操作Ⅱ　試料びん A 内の河川水に，適量の硫酸マンガン水溶液と，ヨウ化カリウムおよび水酸化ナトリウムの混合水溶液を加えた。このとき，$Mn(OH)_2$ の白色沈殿が生じたが，この白色沈殿は，すぐに $MnO(OH)_2$ の褐色沈殿に変化した。

操作Ⅲ　**操作Ⅱ**の後，試料びん A に塩酸を加えた。このとき褐色沈殿はすべて溶解し，溶液が黄色に変化した。

操作Ⅳ　**操作Ⅲ**で得られた溶液をすべてコニカルビーカーに移し，少量の指示薬を加え，溶液の色が変化するまで 0.025 mol/L のチオ硫酸ナトリウム $Na_2S_2O_3$ 水溶液を滴下した。

操作Ⅴ　試料びん B 内の河川水は，採取して５日間経過した後に，**操作Ⅱ～Ⅳ**と同様の操作を行った。

操作Ⅳ，**Ⅴ**で滴下したチオ硫酸ナトリウム水溶液の体積は表1のようになった。

表1　**操作Ⅳ**，**Ⅴ**で滴下した$Na_2S_2O_3$水溶液の体積

操作	試料びん	採取してからの時間	$Na_2S_2O_3$水溶液の体積〔mL〕
操作Ⅳ	A	採取直後	3.50
操作Ⅴ	B	5日後	1.90

ここで，**操作Ⅱ**～**Ⅳ**ではそれぞれ次の式(1)～(3)の反応が起こる。ただし，**操作Ⅱ**に関しては$Mn(OH)_2$が溶液中に溶けているすべての溶存酸素と反応して$MnO(OH)_2$に変化する反応のみを示しており，$Mn(OH)_2$が生じるときの反応は示していない。また，$Mn(OH)_2$が生じるときの反応では酸素は消費されない。

操作Ⅱ　$2Mn(OH)_2 + O_2 \rightarrow 2MnO(OH)_2$　(1)

操作Ⅲ　$MnO(OH)_2 + \boxed{ア} I^- + \boxed{イ} H^+$

$\longrightarrow Mn^{2+} + I_2 + \boxed{ウ} H_2O$　(2)

操作Ⅳ　$I_2 + 2S_2O_3{}^{2-} \longrightarrow 2I^- + S_4O_6{}^{2-}$　(3)

問1　式(1)，(2)について，次の問い(**a**・**b**)に答えよ。

a　マンガン原子の酸化数に関する記述として最も適当なものを，次の①～④のうちから一つ選べ。 110

① Mn^{2+}のマンガンの酸化数は0である。

② $Mn(OH)_2$中のマンガンの酸化数は＋2である。

③ $MnO(OH)_2$中のマンガンの酸化数は＋3である。

④ $MnO_4{}^-$中のマンガンの酸化数は＋5である。

b　式(2)の係数 ア ～ ウ に当てはまる数字を，後の①～⑨のうちから一つずつ選べ。ただし，係数が１の場合には，①を選ぶこと。同じものを繰り返し選んでもよい。

ア 111　イ 112　ウ 113

①　1　②　2　③　3　④　4　⑤　5
⑥　6　⑦　7　⑧　8　⑨　9

問２　**操作Ⅳ**で用いるチオ硫酸ナトリウム水溶液を入れる実験器具に関する記述として**誤りを含むもの**を，次の①～④のうちから一つ選べ。 114

①　この実験器具が使用前に水でぬれているとき，加熱乾燥してはいけない。

②　この実験器具が使用前に水でぬれているとき，用いるチオ硫酸ナトリウム水溶液で数回内部をすすいでから用いる。

③　この実験器具の目盛りは，下にいくにつれて小さい値が記されている。

④　この実験器具にチオ硫酸ナトリウム水溶液を入れたとき，実験器具の下部の先端まで溶液で満たされていることを確認してから滴定を開始する。

問３　**操作Ⅱ**～**Ⅴ**および表１の実験結果に関する記述として**誤りを含むもの**を，次の①～⑤のうちから二つ選べ。ただし，解答の順序は問わない。

115

116

①　河川水中の溶存酸素量が多いほど，**操作Ⅱ**で生成する褐色沈殿の質量が多くなる。

②　**操作Ⅲ**の反応では，I^-は酸化剤としてはたらいている。

③　**操作Ⅳ**では，$S_2O_3^{2-}$は電子を放出している。

④　河川水中の溶存酸素量が多いほど，**操作Ⅳ**におけるチオ硫酸ナトリウム水溶液の滴下量は増加する。

⑤　**操作Ⅲ**で生じたヨウ素の物質量は，**操作Ⅳ**で滴下したチオ硫酸ナトリウム水溶液中のチオ硫酸ナトリウムの物質量の２倍である。

問４　採取直後と５日後の河川水中の溶存酸素量(DO)は何 mg/L か。最も適当な数値を，後の①～⑥のうちから一つずつ選べ。

採取直後　117 mg/L
５日後　118 mg/L

①　3.8	②　5.0	③　7.0
④　7.6	⑤　10.0	⑥　14.0

問５　**操作Ⅰ～Ⅴ**から求まる５日間で消費された溶存酸素が，すべてグルコース $C_6H_{12}O_6$（分子量 180）の分解に用いられたとすると，５日間で分解されたグルコースの質量は河川水１L あたり何 mg か。その数値を小数第１位まで次の形式で表すとき，［119］と［120］に当てはまる数字を，後の①～⓪から一つずつ選べ。同じものを繰り返し選んでもよい。ただし，グルコースの分解の際に起こるグルコースと酸素との反応は，次の式(4)で表される。

$$C_6H_{12}O_6 + 6O_2 \longrightarrow 6CO_2 + 6H_2O \qquad (4)$$

グルコースの質量［119］.［120］mg

①　1	②　2	③　3	④　4	⑤　5
⑥　6	⑦　7	⑧　8	⑨　9	⓪　0

第　2　回

時間　目安30分（2科目選択で計60分）　　　　50点　満点

1 ══ 解答にあたっては，実際に試験を受けるつもりで，時間を厳守し真剣に取りくむこと。

2 ══ 巻末のマークシートⒶを切り離しのうえ練習用として利用すること。

3 ══ 解答終了後には，自己採点により学力チェックを行い，別冊の解答・解説をじっくり読んで，弱点補強，知識や考え方の整理などに努めること。

化　学　基　礎

（解答番号 101 ～ 115）

必要があれば，原子量は次の値を使うこと。			
H　1.0	C　12	O　16	Mg　24
Al　27	Ca　40	Fe　56	

第1問　次の問い（問1～8）に答えよ。（配点　30）

問1　二重結合をもつ分子を，次の①～④のうちから一つ選べ。 101

① シアン化水素 HCN
② 窒素 N_2
③ 二酸化炭素 CO_2
④ メタン CH_4

問２　表１は，典型元素の原子**ア～オ**のそれぞれの電子殻に収容された電子数を表している。**ア～オ**に関する記述として**誤りを含むもの**はどれか。最も適当なものを，後の①～④のうちから一つ選べ。 102

表１　原子の電子殻に収容された電子数

元素	K殻	L殻	M殻
ア	2	4	0
イ	2	7	0
ウ	2	8	2
エ	2	8	6
オ	2	8	8

①　**ア**と**エ**は１：２で結びついた分子を形成する。

②　**イ**はハロゲンである。

③　**ウ**は２価の陰イオンになりやすい。

④　**オ**の単体は単原子分子で存在する。

問３　元素と周期律に関する記述として**誤りを含むもの**はどれか。最も適当なものを，次の①～④のうちから一つ選べ。 103

①　イオン化エネルギーの大きい元素の原子ほど，陽イオンになりやすい。

②　電子親和力は，原子が１価の陰イオンになるときに放出するエネルギーである。

③　貴ガスを除いた第２周期の元素の電気陰性度は，原子番号が増加するにつれ大きくなる。

④　第３周期の元素の原子のうち，価電子数が最も多いのは塩素である。

問４　次の記述ア・イのいずれにも当てはまる化合物の化学式として最も適当なものを，後の①～④のうちから一つ選べ。 104

ア　化合物を溶かした水溶液に硝酸銀水溶液を加えると，白色沈殿が生じる。

イ　化合物を付着させた白金線をガスバーナーに加えたところ，黄緑色の炎が観察された。

①　$BaCl_2$　　②　$Ca(NO_3)_2$　　③　NaCl　　④　$MgSO_4$

問５　物質量が最も大きいものはどれか。次の①～④のうちから一つ選べ。ただし，アボガドロ定数は $N_A = 6.0 \times 10^{23}$/mol とする。 105

①　1.0 g の炭酸カルシウム $CaCO_3$ 中の酸素原子

②　0℃，1.013×10^5 Pa で 0.84 L の窒素 N_2 中の窒素原子

③　0.10 mol/L 水酸化ナトリウム NaOH 水溶液 400 mL 中のナトリウムイオン

④　1.5×10^{22} 個の塩化水素 HCl 分子中の塩素原子

問６　0.24 g のマグネシウムに，0.10 mol/L の希塩酸を少しずつ加え，発生する気体の体積を 0℃，1.013×10^5 Pa のもとで測定した。加えた希塩酸の体積(mL)と発生した気体の体積(mL)の関係として最も適当なものを，次の①〜④のうちから一つ選べ。 106

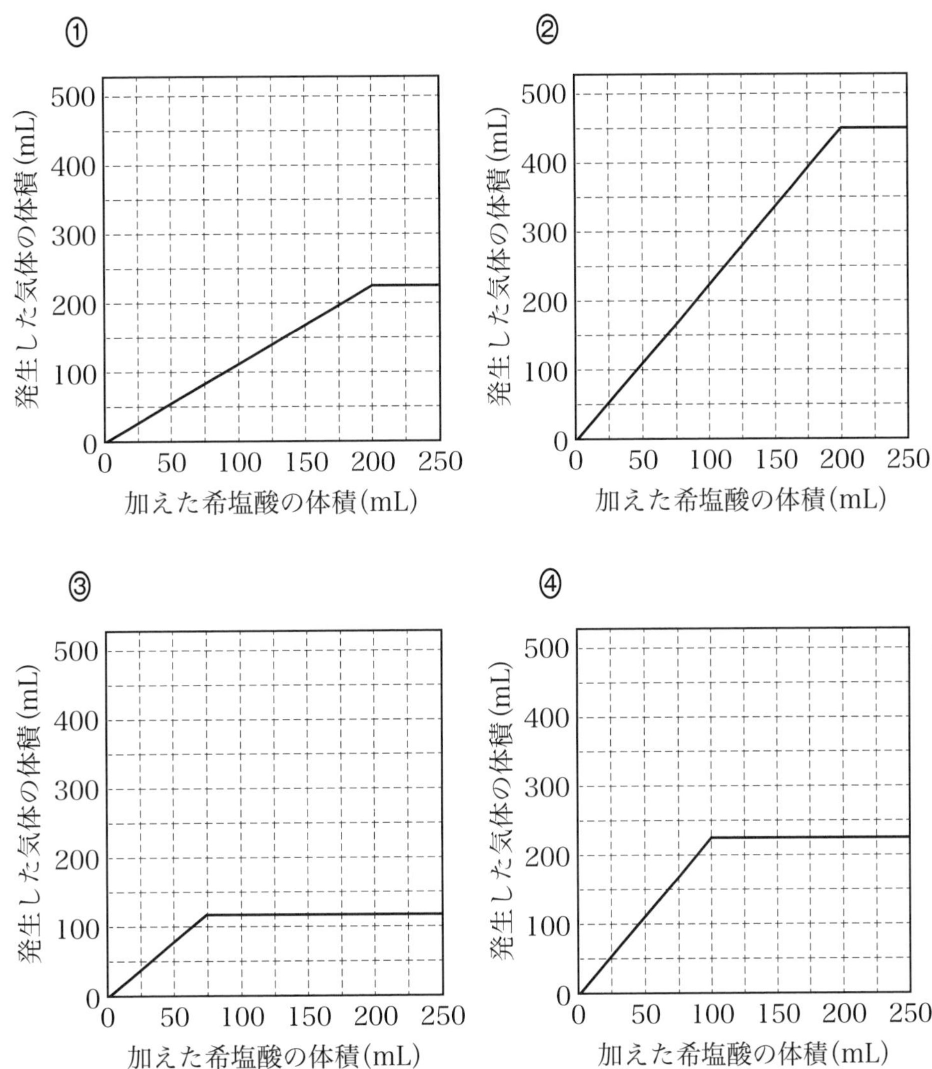

問７　酸と塩基および塩に関する記述として最も適当なものを，次の①～④のうちから一つ選べ。 107

① アンモニアは水中でブレンステッドの定義では酸としてはたらき，アンモニウムイオンに変化する。

② 炭酸水素ナトリウムは酸性塩であるため，その水溶液は弱酸性を示す。

③ 同じモル濃度の希塩酸と希硫酸では，希塩酸の方がpHが大きい。

④ 酢酸水溶液と水酸化ナトリウム水溶液の滴定では，指示薬としてメチルオレンジを用いる。

問8　市販のオキシドールは，過酸化水素 H_2O_2 の水溶液である。市販のオキシドール中の過酸化水素の質量パーセント濃度を測定するため，市販のオキシドールに水を加えて体積を 10 倍にした水溶液をつくった。この希釈した水溶液 10.0 mL に少量の希硫酸を加え，0.010 mol/L の過マンガン酸カリウム $KMnO_4$ 水溶液で滴定したところ，終点までに 36.0 mL 要した。このとき，過マンガン酸イオン MnO_4^- と過酸化水素 H_2O_2 は，次の式(1)と(2)に従って変化する。ただし，オキシドール中で過マンガン酸イオンと反応する成分は過酸化水素だけであるとする。後の問い（**a**・**b**）に答えよ。

$$MnO_4^- + 8H^+ + 5e^- \longrightarrow Mn^{2+} + 4H_2O \qquad (1)$$

$$H_2O_2 \longrightarrow O_2 + 2H^+ + 2e^- \qquad (2)$$

a　この滴定に関する記述として**誤りを含むもの**はどれか。最も適当なものを，次の①～④のうちから一つ選べ。 108

① $KMnO_4$ は H_2O_2 に対して酸化剤としてはたらく。

② 希硫酸の代わりに希塩酸を用いると，終点までに必要な過マンガン酸カリウム水溶液の滴下量が増加する。

③ 滴定の終点では，溶液の色が赤紫色から無色に変化する。

④ 過マンガン酸カリウム $KMnO_4$ の代わりにヨウ化カリウム KI を加えると，I_2 が生成する。

b　市販のオキシドール中の過酸化水素の質量パーセント濃度は何 % か。最も適当な数値を，次の①～⑥のうちから一つ選べ。ただし，オキシドールの密度は 1.0 g/cm^3 とする。 109 %

① 0.31	② 0.49	③ 1.2
④ 3.1	⑤ 4.9	⑥ 12.2

第2問 金属とその利用に関する次の文章を読み，後の問い(**問1～5**)に答えよ。(配点 20)

金属は，古くから人類が用いた材料であり，人類の文明は金属とともに発展してきたといっても過言ではない。(a)金属の種類によって，使われはじめた時代が異なる。これは，金属のほとんどが酸化物や硫化物などの化合物として存在し，単体を得るために製錬することが必要であり，製錬が難しい金属ほど使われはじめた時代が遅いためである。埋蔵量，利用量が多く，比較的製錬が容易な金属はベースメタルとよばれ，主なものに以下の三種類がある。

(1) (b)銅は古くから利用されている金属で，電気や熱をよく通し，比較的安価で純度の高いものが製造できる。電線などそのままでも利用されるが，他の金属と融かし合わせた合金として装飾品や硬貨に利用される。

(2) 鉄は最も多く利用されている金属で，人類が利用している金属の約9割を占める。加熱すると加工が容易であるため，機械や建築材料として利用される。

(2) アルミニウムは鉄に次いで多く利用されている金属で，比較的軟らかいため加工しやすく，密度が小さく非常に軽い。合金であるジュラルミンは軽くて丈夫であるため，飛行機の機体などに利用される。

問1 金属の反応性に関する記述として**誤りを含むもの**はどれか。最も適当なものを，次の①～④のうちから一つ選べ。 110

① 銅は希硝酸に加えると，気体を発生しながら溶解する。

② 鉄は濃硝酸に加えると，気体を発生しながら溶解する。

③ アルミニウムは希塩酸に加えると，気体を発生しながら溶解する。

④ 銅，鉄，アルミニウムはいずれも，常温の水には溶解しない。

問２　下線部(a)に関して，金属が使われはじめた時代は，イオン化傾向と関係がある。図１のように，イオン化傾向の異なる２種類の金属 X，Y を電解質水溶液に浸すと，抵抗に電流が流れた。この実験に関する記述として**誤りを含むもの**はどれか。最も適当なものを，後の①～④のうちから一つ選べ。 111

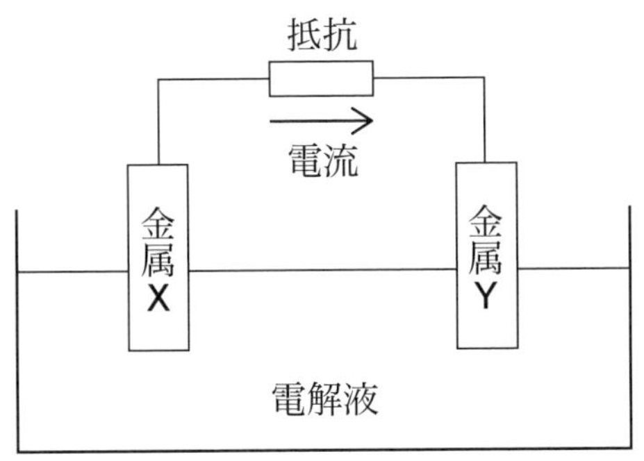

図１　２種類の金属からなる電池の構造

① 金属 X は正極である。

② 金属 Y では還元反応が起こる。

③ 金属 X のイオン化傾向は金属 Y よりも小さい。

④ 金属 Y の質量は減少する。

問３　下線部(b)に関する記述として**誤りを含むもの**はどれか。最も適当なものを，次の①～④のうちから一つ選べ。 112

① 銅は赤みを帯びた光沢をもつ金属である。

② 銅はすべての金属のなかで，電気を最も良く通す。

③ 純度の高い銅は，電解精錬を行うことで得られる。

④ 銅とスズを混ぜ合わせた青銅は，古くから青銅器などの道具に使われてきた。

問４　鉄の製錬に関して，次の問い（**a**・**b**）に答えよ。

a　鉄の鉱石は鉄鉱石とよばれ，その主成分は酸化鉄であるため，コークスから得られる一酸化炭素により［ア］することで鉄の単体を得ることができる。例えば，鉄鉱石の主成分が酸化鉄(Ⅲ)であるとすると，鉄鉱石から単体の鉄を得る反応は式(1)で表される。空欄［ア］～［ウ］に当てはまる語句と数字の組合せとして最も適当なものを，後の①～⑧のうちから一つ選べ。［113］

$$Fe_2O_3 + \boxed{イ}\,CO \longrightarrow \boxed{ウ}\,Fe + \boxed{イ}\,CO_2 \qquad (1)$$

	ア	イ	ウ
①	酸化	2	2
②	酸化	2	4
③	酸化	3	2
④	酸化	3	4
⑤	還元	2	2
⑥	還元	2	4
⑦	還元	3	2
⑧	還元	3	4

b　鉄鉱石 1000 kg から単体の鉄を得るために必要なコークスの質量は何 kg か。最も適当な数値を，次の①～⑥のうちから一つ選べ。ただし，鉄鉱石には 96.0% の酸化鉄(Ⅲ)Fe_2O_3 が含まれており，それ以外に一酸化炭素と反応する物質は含まれていないものとする。また，コークスは純粋な炭素であり，発生する一酸化炭素はすべてコークスから得られるものとする。［114］kg

①　72　　②　75　　③　78

④　108　　⑤　113　　⑥　216

問5　アルミニウムは，酸化アルミニウムを加熱融解し，電気分解を行うことで得られる。この方法を溶融塩電解といい，陰極で起こる反応は式(2)で表される。

$$Al^{3+} + 3e^- \longrightarrow Al \qquad (2)$$

流れた電子の物質量と析出したアルミニウムの質量の関係として最も適当なものを，次の①～⑥のうちから一つ選べ。 115

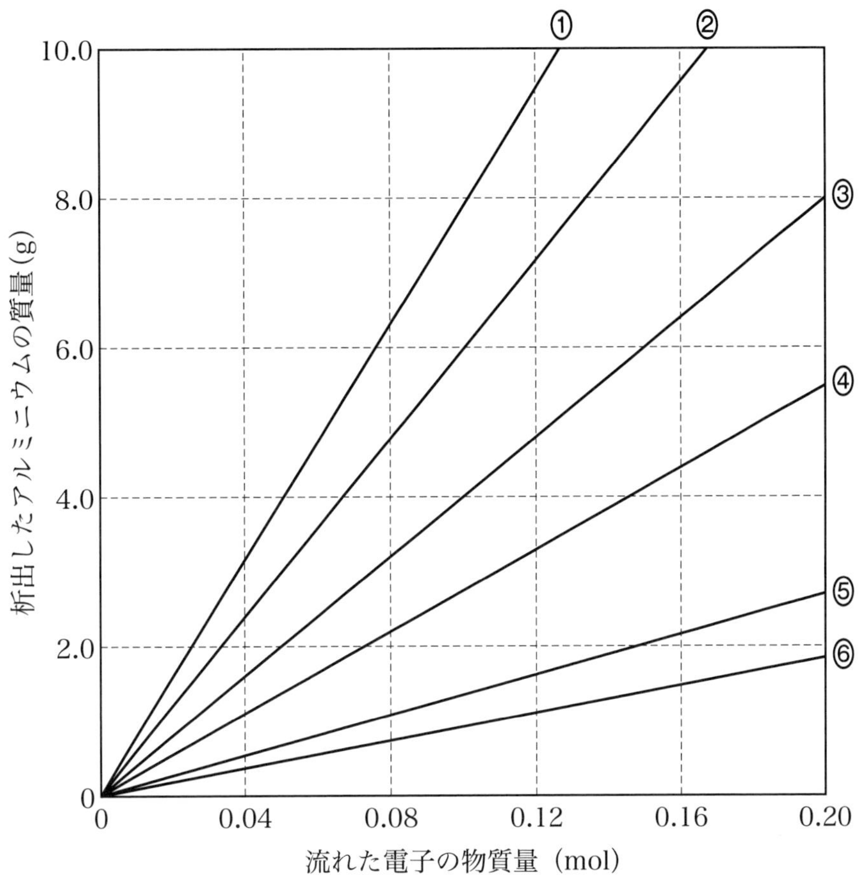

第　3　回

時間　目安30分（2科目選択で計60分）　　50点　満点

1 ── 解答にあたっては，実際に試験を受けるつもりで，時間を厳守し真剣に取りくむこと。

2 ── 巻末のマークシートⒶを切り離しのうえ練習用として利用すること。

3 ── 解答終了後には，自己採点により学力チェックを行い，別冊の解答・解説をじっくり読んで，弱点補強，知識や考え方の整理などに努めること。

化　学　基　礎

（解答番号 101 ～ 119）

必要があれば，原子量は次の値を使うこと。

H　1.0　　　　O　16

第1問　次の問い（問1～8）に答えよ。（配点　30）

問1　元素Aの原子は質量数が133である。また，Aの1価の陽イオンA^+は，54個の電子をもつ。元素Aの原子に含まれる中性子の数を，次の①～④のうちから一つ選べ。 101

① 78　　② 79　　③ 80　　④ 81

問2　結晶に関する記述として誤りを含むものはどれか。最も適当なものを，次の①〜④のうちから一つ選べ。 102

① 塩化水素の結晶は，水素イオンと塩化物イオンからなるイオン結晶で，水に溶けると水素イオンと塩化物イオンに電離する。

② 二酸化ケイ素の結晶において，一つのケイ素原子は四つの酸素原子と共有結合して，共有結合の結晶を形成している。

③ 二酸化炭素の結晶では，分子が分子間力によって引き合い，規則正しく配列して分子結晶を形成している。

④ 塩化ナトリウムの結晶では，ナトリウムイオンと塩化物イオンが静電気的な力で引き合い，規則正しく配列してイオン結晶を形成している。

問３　次のア〜ウの記述は，それぞれ周期表の何族の元素に関する記述か。ア〜ウに当てはまる族の組合せとして最も適当なものを，後の①〜⑧のうちから一つ選べ。 103

ア　常温・常圧において，第２周期と第３周期の元素の単体は気体で，第４周期の元素の単体は液体である。

イ　第２周期の元素の水素化合物は，三角錐形の分子で，分子間に水素結合がはたらく。

ウ　第２周期の元素は，人体を構成する元素のうち，質量パーセントが最も大きい。

	ア	イ	ウ
①	17 族	14 族	13 族
②	17 族	14 族	16 族
③	17 族	15 族	13 族
④	17 族	15 族	16 族
⑤	18 族	14 族	13 族
⑥	18 族	14 族	16 族
⑦	18 族	15 族	13 族
⑧	18 族	15 族	16 族

問4　ある量のメタンと酸素を密閉容器に入れ，点火したところ，メタンは完全燃焼した。燃焼後，生じた水はすべて気体として存在していた。燃焼後の混合気体を塩化カルシウム管に通したところ，水蒸気はすべて塩化カルシウムに吸収され，その質量は7.2 gであった。また，塩化カルシウム管を通した後の二酸化炭素と酸素からなる混合気体の体積は，0℃，1.013×10^5 Paで5.6 Lであった。最初に密閉容器に入れた酸素は何molか。最も適当な数値を，次の①～⑤のうちから一つ選べ。 104 mol

① 0.25　② 0.30　③ 0.35　④ 0.40　⑤ 0.45

問5　次の**a**～**c**の反応において，酸化剤としてはたらいているものの組合せとして最も適当なものを，後の①～⑧のうちから一つ選べ。 105

a　$SO_2 + 2\,H_2S \rightarrow 3\,S + 2\,H_2O$

b　$SO_2 + H_2O_2 \rightarrow H_2SO_4$

c　$H_2S + H_2O_2 \rightarrow S + 2\,H_2O$

	a	b	c
①	SO_2	SO_2	H_2S
②	SO_2	SO_2	H_2O_2
③	SO_2	H_2O_2	H_2S
④	SO_2	H_2O_2	H_2O_2
⑤	H_2S	SO_2	H_2S
⑥	H_2S	SO_2	H_2O_2
⑦	H_2S	H_2O_2	H_2S
⑧	H_2S	H_2O_2	H_2O_2

問6　化学物質の利用に関する記述として誤りを含むものはどれか。最も適当なものを，次の①～④のうちから一つ選べ。106

① お土産のお菓子の箱には，乾燥防止剤としてシリカゲルが入れられている。

② ペットボトルのお茶には，酸化防止剤としてビタミンCが入れられている。

③ 冬季，寒冷地では，道路の凍結防止剤として塩化カルシウムが散布されている。

④ 油で揚げられたスナック菓子には，袋内に空気の代わりに化学的に不活性な窒素が詰められている。

問7　次の水溶液A～Cについて，pHの値が大きい順に並べたものとして最も適当なものを，後の①～⑥のうちから一つ選べ。107

A　0.025 mol/L の塩酸

B　0.050 mol/L の塩酸 50 mL に，0.050 mol/L の酢酸ナトリウム水溶液 50 mL を加えて得られる 100 mL の水溶液

C　0.10 mol/L の希硫酸 50 mL に，0.10 mol/L の水酸化ナトリウム水溶液 50 mL を加えて得られる 100 mL の水溶液

① A＞B＞C　② A＞C＞B　③ B＞A＞C

④ B＞C＞A　⑤ C＞A＞B　⑥ C＞B＞A

問８　金属Ａと金属Ｂは，空気中で加熱すると酸化物に変化する。質量が 10.0 g で，加熱しても変化しないステンレス皿がある。これを用いて金属の質量変化を調べる実験を行った。金属Ａの粉をステンレス皿に載せ，質量をはかったのち，図１のような装置で十分に加熱した。温度が下がったのち，酸化物が載っているステンレス皿の質量をはかった。

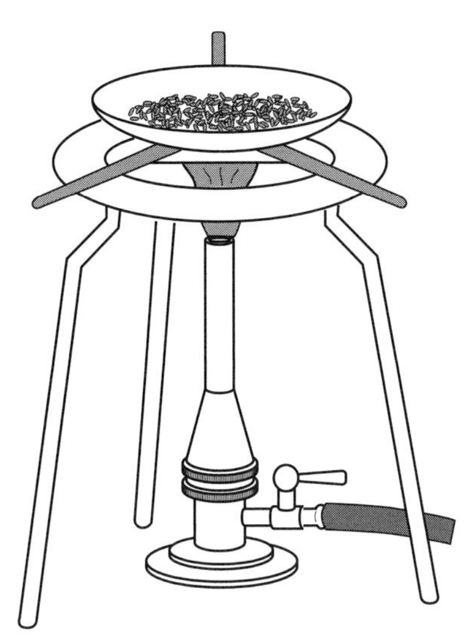

図１　ステンレス皿を加熱する装置

金属Ｂについても同様の実験を行った。実験の結果，加熱前後のステンレス皿を含めた金属および酸化物の質量は，表１のようになった。

表１　加熱前後の皿を含めた質量

	加熱前の質量（g）（皿 ＋ 金属）	加熱後の質量（g）（皿 ＋ 酸化物）
金属Ａ	11.2	12.0
金属Ｂ	14.0	15.0

a　次の手順1～3は，図2のガスバーナーを使うときの手順である。空欄 ア ～ ウ に当てはまる記号，および後の記述(あ)，(い)の組合せとして最も適当なものを，後の①～④のうちから一つ選べ。 108

手順1　ねじⅠとⅡの両方が閉まっていることを確認した後，ガスの元栓を開き，ガスバーナーのコックを開く。

手順2　ねじ ア を開く。この操作は イ 。

手順3　手順2で点火された炎は黄色なので，ねじ ウ を適度に開けて炎が青色になるように調整する。

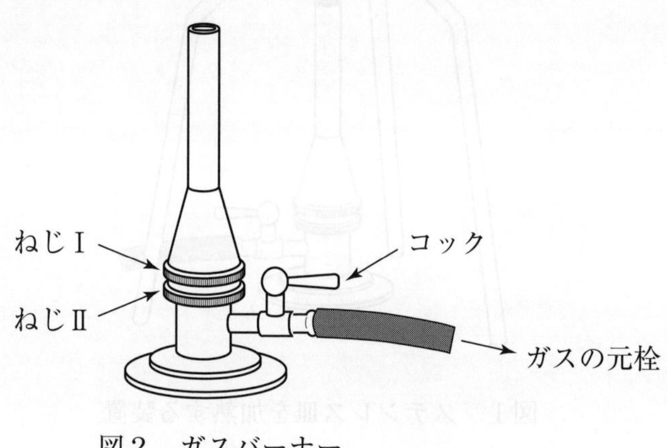

図2　ガスバーナー

(あ)　マッチに火をつける前に行っておき，その後，マッチに火をつけ，ガスバーナーの口に近づける。

(い)　マッチに火をつけ，マッチをガスバーナーの口に近づけた後に行う。

	ア	イ	ウ
①	Ⅰ	(あ)	Ⅱ
②	Ⅰ	(い)	Ⅱ
③	Ⅱ	(あ)	Ⅰ
④	Ⅱ	(い)	Ⅰ

b　金属Aの粉末と金属Bの粉末を混合した混合金属Cがある。質量が10.0 gのステンレス皿に混合金属Cを載せ，ステンレス皿を含めた金属の質量を測定したところ，16.8 gであった。次に，図1の装置で十分に加熱したところ，皿上の金属はすべて酸化物となり，ステンレス皿を含めた酸化物の質量は20.0 gになった。加熱前の混合金属C中のAは何gか。最も適当な数値を，次の①〜④のうちから一つ選べ。 109 g

① 1.6　　② 3.2　　③ 3.6　　④ 4.8

第2問 次の文章を読み，後の問い(問１～６)に答えよ。(配点　20)

過マンガン酸カリウム $KMnO_4$ は，酸化剤として広く用いられている物質である。酸性溶液中における過マンガン酸イオン MnO_4^- の作用は，次の式(1)で表される。

$$MnO_4^- + 8H^+ + 5e^- \rightarrow Mn^{2+} + 4H_2O \quad (1)$$

この反応により，赤紫色である過マンガン酸カリウム水溶液は無色に変化する。この溶液の色の変化は，式(1)の反応の完了を確認するのに利用されている。

湖沼や海域の水質汚濁の程度を表す指標にCOD（化学的酸素要求量）がある。湖沼などに流入した生活排水や工場排水に含まれる有機物は，水質汚濁や悪臭の原因となる。CODとは，河川や湖沼の水1.0L中に含まれる有機物を，酸化剤で酸化分解したときに(a)<u>消費される酸化剤の量を，酸化剤として酸素分子 O_2 を用いた場合の酸素の量（mg）に換算したものである</u>。有機物を酸化するための酸化剤としては，過マンガン酸カリウムや二クロム酸カリウムが用いられる。

過マンガン酸カリウムを用いたCOD測定の概略は，後の図１のように表される。

まず，試料水(A)に十分な量の過マンガン酸カリウム水溶液(B)を加え，試料水中の有機物をすべて酸化する。次に過剰のシュウ酸ナトリウム水溶液(D)を加え，残った過マンガン酸カリウム(C)を還元する。このときのシュウ酸イオンの作用は，次の式(2)で表される。

$$C_2O_4^{2-} \rightarrow 2CO_2 + 2e^- \quad (2)$$

最後に，過マンガン酸カリウム水溶液(F)を滴下して，残ったシュウ酸ナトリウム(E)の量を求める。

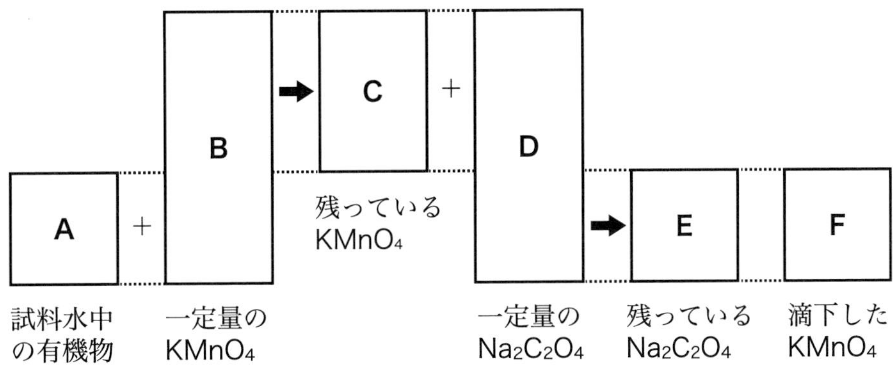

図 1　COD 測定の概略

この原理にしたがって，ある湖から採取した試料水の COD を求めるために，次の操作 I ～ V を行った。

操作 I　試料水 100 mL を採取し，300 mL の三角フラスコに入れた。

操作 II　三角フラスコに希硫酸を加え，さらに$_{(b)}$<u>硝酸銀水溶液を加えてよく振り混ぜた</u>。

操作 III　5.00×10^{-3} mol/L の過マンガン酸カリウム水溶液を 10.0 mL の$_{(c)}$<u>ホールピペットの標線まではかり取り</u>，三角フラスコに加えてよく振り混ぜた。その後，湯浴で 30 分間加熱した。

操作 IV　湯浴から取り出した後，5.00×10^{-3} mol/L のシュウ酸ナトリウム水溶液を［ ア ］mL のホールピペットの標線まではかり取り，三角フラスコに加えてよく振り混ぜた。

操作 V　三角フラスコを湯浴で加熱しながら，ビュレットに入れた 5.00×10^{-3} mol/L の過マンガン酸カリウム水溶液を滴下したところ，3.60 mL を加えたときに溶液の色が変化したので，このときを終点とした。

問１　下線部(b)で硝酸銀水溶液を加えることにより，次の式(3)のように，試料水に含まれる塩化物イオンが塩化銀の沈殿として除かれる。

$$Ag^{+} + Cl^{-} \rightarrow AgCl \qquad (3)$$

下線部(b)の操作を行わなかったときに起こる現象として，最も適当な記述を，次の①～④のうちから一つ選べ。 110

① Cl^{-} が過マンガン酸カリウム中の K^{+} と反応して，KCl の沈殿をつくるため，実際の値よりも大きい COD の値が得られる。

② Cl^{-} が過マンガン酸カリウム中の K^{+} と反応して，KCl の沈殿をつくるため，実際の値よりも小さい COD の値が得られる。

③ Cl^{-} が過マンガン酸カリウムによって酸化されるため，実際の値よりも大きい COD の値が得られる。

④ Cl^{-} が過マンガン酸カリウムによって酸化されるため，実際の値よりも小さい COD の値が得られる。

問２　下線部(c)における標線と液面の関係を表した図として最も適当なものを，次の①～④のうちから一つ選べ。 111

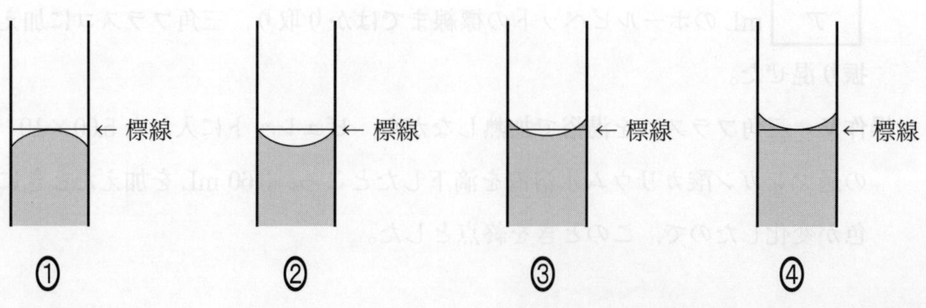

問３　次の文章は，操作Ⅲ～Ⅴ終了時の三角フラスコ内の溶液の色に関するものである。空欄［イ］～［エ］に入る語句の組合せとして最も適当なものを，後の①～⑧のうちから一つ選べ。［112］

操作Ⅲでは，試料水中の有機物を完全に酸化することが目的であるため，30分経過した後，溶液が［イ］であることを確認する。操作Ⅳで，シュウ酸ナトリウム水溶液を加えてよく振り混ぜると，溶液は［ウ］になる。操作Ⅴは，過マンガン酸カリウム水溶液による酸化還元滴定であり，終点において溶液は［エ］になる。

	イ	ウ	エ
①	無　色	赤紫色	淡赤紫色
②	無　色	赤紫色	無　色
③	無　色	無　色	淡赤紫色
④	無　色	無　色	無　色
⑤	赤紫色	赤紫色	淡赤紫色
⑥	赤紫色	赤紫色	無　色
⑦	赤紫色	無　色	淡赤紫色
⑧	赤紫色	無　色	無　色

問４　操作Ⅳで加えたシュウ酸ナトリウム水溶液は，操作Ⅲで加えた過マンガン酸カリウム水溶液と過不足なく反応する量である。操作Ⅳの空欄［ア］に当てはまる最も適当な数値を，次の①～④のうちから一つ選べ。［113］

①　10.0　　②　25.0　　③　40.0　　④　50.0

問５　下線部(a)に関する次の記述を読み，後の問い（a・b）に答えよ。

酸化剤としての酸素分子の作用は，次の式(4)で表される。

$$O_2 + \boxed{オ}\,H^+ + \boxed{カ}\,e^- \rightarrow \boxed{キ}\,H_2O \qquad (4)$$

式(4)より，1 mol の O_2 は電子を［カ］mol 受け取ることがわかる。また，式(1)より，1 mol の $KMnO_4$ は電子を 5 mol 受け取るので，1.0 mol の $KMnO_4$ は，酸化剤として［ク］mol の O_2 に相当することがわかる。

a　式(4)の係数［オ］～［キ］に当てはまる数字を，後の①～⑨のうちから一つずつ選べ。ただし，係数が 1 の場合は①を選ぶこと。同じものを繰り返し選んでもよい。

オ［114］　カ［115］　キ［116］

① 1　② 2　③ 3　④ 4　⑤ 5
⑥ 6　⑦ 7　⑧ 8　⑨ 9

b　空欄［ク］に当てはまる数値として最も適当なものを，後の①～④のうちから一つ選べ。

ク［117］

① $\frac{1}{5}$　② $\frac{4}{5}$　③ $\frac{5}{4}$　④ $\frac{5}{2}$

問6　この実験では，試料水中の有機物と操作Ⅳで加えたシュウ酸ナトリウムが還元剤として作用し，操作ⅢとⅤで加えた過マンガン酸カリウムが酸化剤として作用している。還元剤が放出する電子の物質量と，酸化剤が受け取る電子の物質量は等しいので，次の図2の関係が成り立つ。

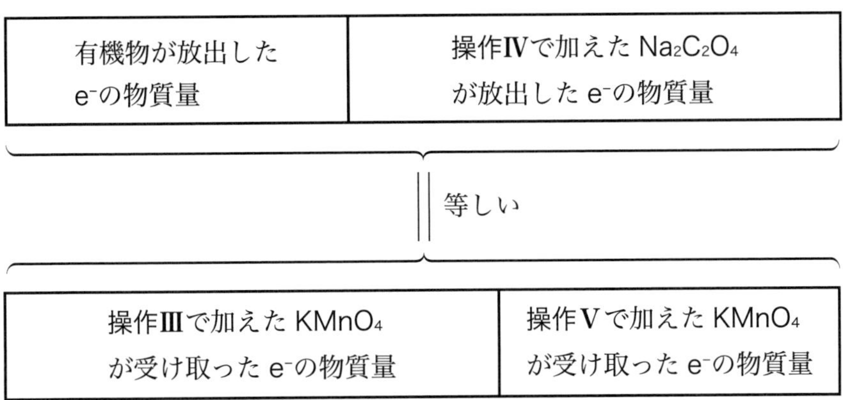

図2　還元剤が放出した e^-と酸化剤が受け取った e^-の関係

図2の関係を利用して，この実験で用いた試料水のCODを求めると何 mg/L になるか。その数値を小数第1位まで次の形式で表すとき，118 と 119 に当てはまる数字を，後の①～⓪のうちから一つずつ選べ。同じものを繰り返し選んでもよい。

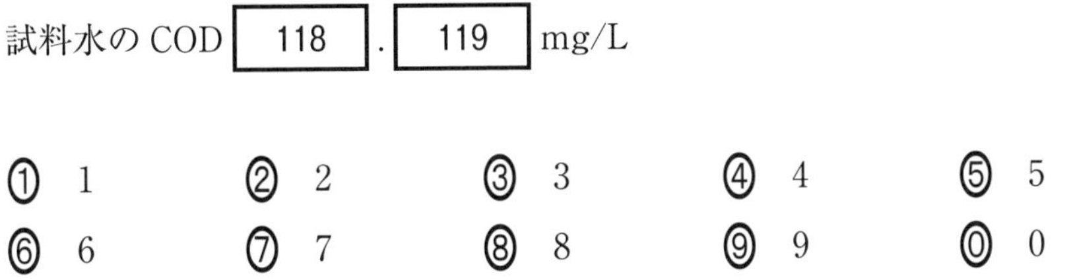

① 1　② 2　③ 3　④ 4　⑤ 5
⑥ 6　⑦ 7　⑧ 8　⑨ 9　⓪ 0

第　4　回

時間　目安30分（2科目選択で計60分）　　　　　　50点　満点

1 ══ 解答にあたっては，実際に試験を受けるつもりで，時間を厳守し真剣に取りくむこと。

2 ══ 巻末のマークシートAを切り離しのうえ練習用として利用すること。

3 ══ 解答終了後には，自己採点により学力チェックを行い，別冊の解答・解説をじっくり読んで，弱点補強，知識や考え方の整理などに努めること。

化 学 基 礎

（解答番号 101 ～ 117）

必要があれば，原子量は次の値を使うこと。

O 16　　Al 27

第1問　次の問い（問1～9）に答えよ。（配点　30）

問1　物質とそれを構成する化学結合との組合せとして**適当でないもの**を，次の①～⑤のうちから一つ選べ。 101

	物　質	構成する化学結合
①	鉄	金属結合
②	硫化水素	イオン結合
③	フッ化銀	イオン結合
④	ケイ素	共有結合
⑤	硝酸カリウム	イオン結合と共有結合

問 2　物質の三態に関する記述として**誤りを含むもの**はどれか。最も適当なものを，次の①～⑤のうちから一つ選べ。 102

① 気体から液体への状態変化を凝縮という。
② 液体から固体になるとき，熱が放出される。
③ 気体は固体に比べて粒子間の距離が大きい。
④ 固体状態では，粒子は熱運動していない。
⑤ 固体，液体，気体の間の変化は，物理変化である。

問 3　質量数が 55 の原子 A がある。A が 2 価の陽イオン A^{2+} になるとき，そのイオンの電子の数は 23 である。A の中性子の数はいくつか。これを 2 桁の数値で表すとき， 103 と 104 に当てはまる数字を，次の①～⓪のうちから一つずつ選べ。ただし，中性子の数が 1 桁の場合には 103 には⓪を選べ。また，同じものを繰り返し選んでもよい。 103 104

① 1	② 2	③ 3	④ 4	⑤ 5
⑥ 6	⑦ 7	⑧ 8	⑨ 9	⓪ 0

問4 次の周期表では，第2・第3周期の5種の元素を記号**ア**，**イ**，**ウ**，**エ**，**オ**で表してある。これらの元素に関する記述として**誤りを含むもの**はどれか。最も適当なものを，下の①～⑤のうちから一つ選べ。 105

周期＼族	1	2	3～12	13	14	15	16	17	18
2	ア								イ
3		ウ				エ		オ	

① **ア**はアルカリ金属に分類される。

② **エ**には同素体が存在する。

③ **ア**～**オ**はすべて典型元素である。

④ **ア**～**オ**のうち，イオン化エネルギーが最も大きいのは**イ**である。

⑤ **ア**～**オ**のうち，常温常圧で単体が固体であるものは2つである。

問5 次の**ア**～**ウ**の下線部の数値を大きい順に並べたものはどれか。最も適当なものを，下の①～⑥のうちから一つ選べ。ただし，アボガドロ定数は 6.0×10^{23}/mol とする。 106

ア 0℃，1.013×10^5 Pa の状態で体積が 2.8 L のアンモニアの物質量

イ 5.1 g の酸化アルミニウムに含まれる酸化物イオンの物質量

ウ 1.8×10^{23} 個の水素原子を含むメタンの物質量

① ア＞イ＞ウ　② ア＞ウ＞イ　③ イ＞ア＞ウ
④ イ＞ウ＞ア　⑤ ウ＞ア＞イ　⑥ ウ＞イ＞ア

問6 次の塩**ア**～**オ**のうち，水に溶かしたとき，水溶液が酸性を示すものはどれか。すべてを正しく選択しているものとして最も適当なものを，下の①～⑥のうちから一つ選べ。 107

ア CH_3COONa　**イ** KCl　**ウ** Na_2CO_3
エ $NaHSO_4$　**オ** NH_4Cl

① ア，ウ　② イ，オ　③ エ，オ
④ ア，イ，ウ　⑤ ア，ウ，エ　⑥ イ，エ，オ

問7 w(g)の物質Xを水V(mL)に溶かした溶液がある。この溶液の密度はd(g/cm^3)である。Xのモル質量をM(g/mol)とするとき，次の**ア**・**イ**を表す式として最も適当なものを，下の①～⑧のうちから一つずつ選べ。ただし，水の密度は1.0 g/cm^{3}とする。

ア　溶液の体積　[108] mL

イ　溶液のモル濃度　[109] mol/L

① dV　② $\dfrac{w}{d}$　③ $\dfrac{w+V}{d}$　④ $\dfrac{dw}{M(w+V)}$

⑤ $\dfrac{1000d}{V}$　⑥ $\dfrac{1000w}{MV}$　⑦ $\dfrac{1000dw}{M(w+V)}$　⑧ $\dfrac{w}{1000dM}$

問 8　一価の弱酸 HA は，次のように電離する。

$$HA \rightleftarrows A^- + H^+$$

0.10 mol/L の HA の水溶液の pH は 3.0 であった。HA の電離度として最も適当な数値を，次の①～⑤のうちから一つ選べ。 110

① 1.0×10^{-5}　② 1.0×10^{-4}　③ 1.0×10^{-3}
④ 1.0×10^{-2}　⑤ 1.0×10^{-1}

問 9　ある量の亜鉛に塩酸を加えたところ，水素が発生した。この反応は次の化学反応式で表される。

$$Zn + 2\,HCl \longrightarrow ZnCl_2 + H_2$$

このとき，加えた塩酸の体積と発生した水素の体積の関係は図1のようになった。ここで，発生した水素の体積は0℃，1.013×10^5 Pa の状態における値である。

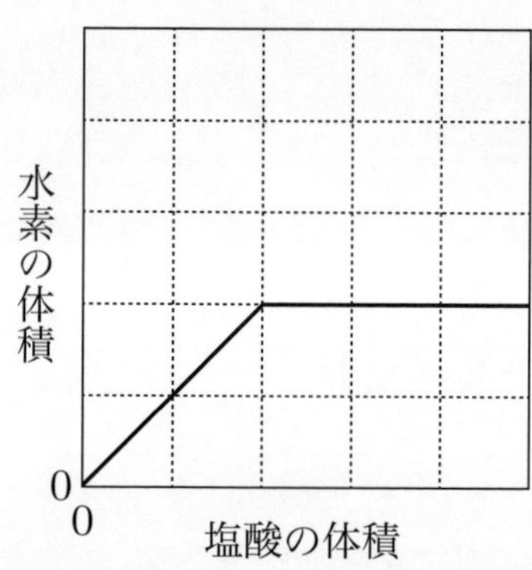

図1　加えた塩酸の体積と発生した水素の体積の関係

次の条件(**ア**・**イ**)に変えたとき，グラフはどのようになるか。最も適当なものを，次ページの①～⑥のうちから一つずつ選べ。ただし，グラフの目盛りは図1と同じものとする。

ア　塩酸のモル濃度を2倍にする。 111

イ　亜鉛の質量を2倍にする。 112

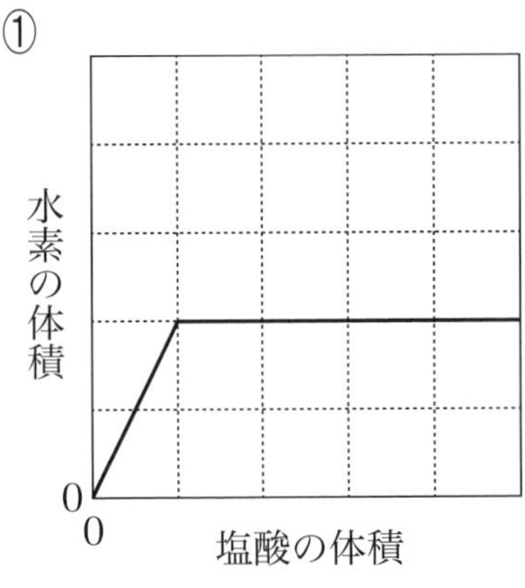
①
水素の体積
0
0
塩酸の体積

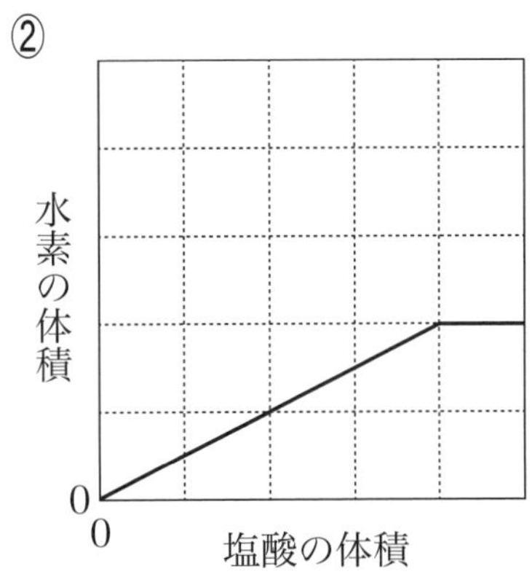
②
水素の体積
0
0
塩酸の体積

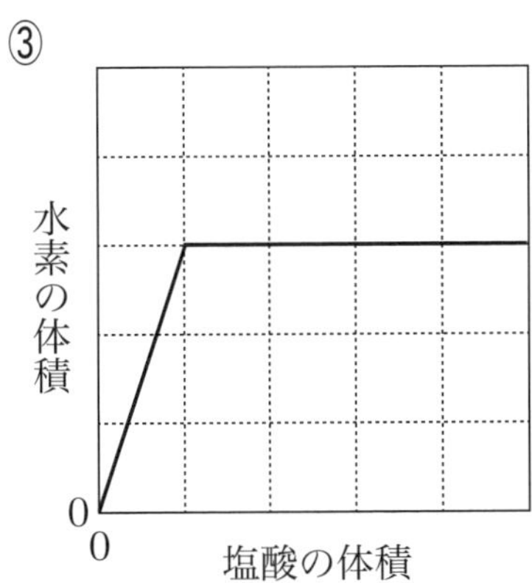
③
水素の体積
0
0
塩酸の体積

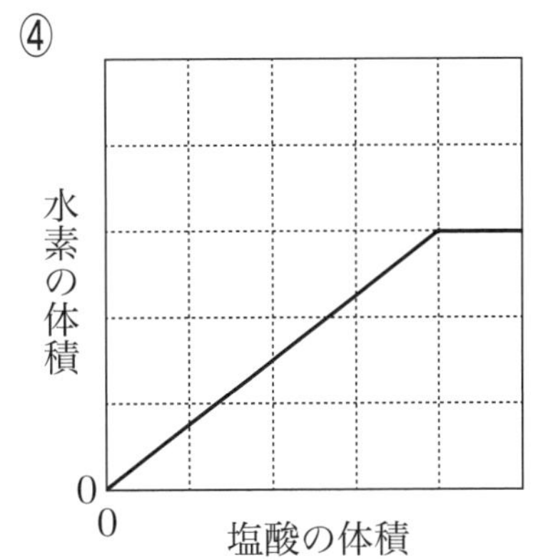
④
水素の体積
0
0
塩酸の体積

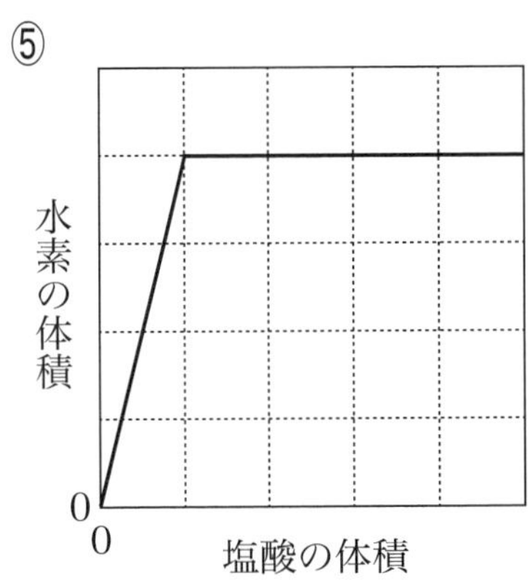
⑤
水素の体積
0
0
塩酸の体積

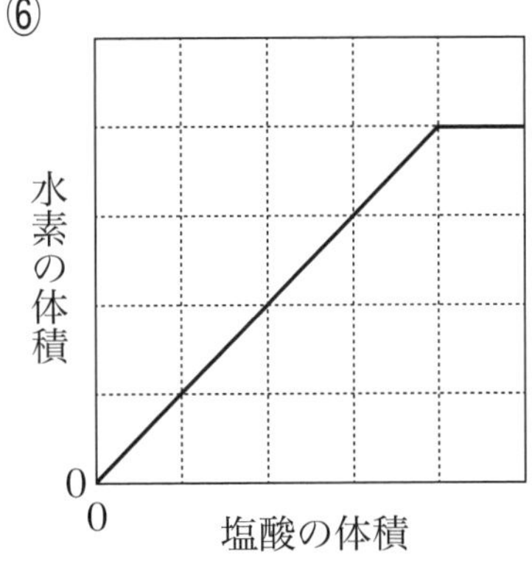
⑥
水素の体積
0
0
塩酸の体積

第2問　酸化還元滴定に関する次の問い(問1～5)に答えよ。(配点　20)

クエン酸はレモンなどに含まれ，過マンガン酸カリウムと酸化還元反応を起こす。クエン酸中の炭素原子は，酸性下で過マンガン酸カリウムによって二酸化炭素に変化する。このときの過マンガン酸カリウム $KMnO_4$ とクエン酸 $C_6H_8O_7$ の酸化剤あるいは還元剤としてのはたらきは，電子を含む次のイオン反応式で表される。

$$MnO_4^- + 8H^+ + 5e^- \longrightarrow Mn^{2+} + 4H_2O \tag{1}$$

$$C_6H_8O_7 + a\,H_2O \longrightarrow b\,CO_2 + c\,H^+ + c\,e^- \quad (a \sim c \text{は係数}) \tag{2}$$

濃度未知のクエン酸水溶液 10 mL を$_{ア}$ホールピペットではかりとり，$_{イ}$コニカルビーカーに移した。純水 30 mL と硫酸水溶液 10 mL を加えた後，水浴上で約 70 ℃に温めた。ここに$_{ウ}$ビュレットに入れた 1.0×10^{-2} mol/L の過マンガン酸カリウム水溶液を滴下したところ，$_{(a)}$終点までに 27 mL を要した。

問1　式(1)におけるマンガン原子の酸化数の変化として正しいものを，次の①～⑥のうちから一つ選べ。 113

① 8減る　② 5減る　③ 2減る
④ 2増える　⑤ 5増える　⑥ 8増える

問 2　式(2)における係数(a ～ c)の組合せとして正しいものを，次の①～⑧のうちから一つ選べ。 114

	a	b	c
①	2	3	12
②	2	3	14
③	3	2	12
④	3	2	14
⑤	5	6	10
⑥	5	6	18
⑦	6	5	10
⑧	6	5	18

問3　下線部ア～ウの器具のうち，水でぬれていたとき，そのまま用いてよいものはどれか。すべてを正しく選択しているものとして最も適当なものを，次の①～⑦のうちから一つ選べ。 115

① ア　② イ　③ ウ　④ アとイ
⑤ アとウ　⑥ イとウ　⑦ アとイとウ

問4　下線部(a)の終点において，溶液の色はどのように変化するか。最も適当なものを，次の①～⑥のうちから一つ選べ。 116

① 無色から薄い赤紫色になる。
② 赤紫色から無色になる。
③ 無色から薄い青色になる。
④ 青色から無色になる。
⑤ 黄色から赤色になる。
⑥ 赤色から黄色になる。

問 5　クエン酸水溶液のモル濃度は何 mol/L か。最も適当な数値を，次の①～⑥のうちから一つ選べ。 **117** mol/L

① 1.5×10^{-3}　② 2.7×10^{-3}　③ 7.5×10^{-3}

④ 1.4×10^{-2}　⑤ 1.9×10^{-2}　⑥ 9.7×10^{-2}

大学入学共通テスト本試験

（2024年1月14日実施）

時間　目安30分（2科目選択で計60分）　　　　50点　満点

1 ══ 解答にあたっては，実際に試験を受けるつもりで，時間を厳守し真剣に取りくむこと。

2 ══ 巻末のマークシートⒷを切り離しのうえ練習用として利用すること。

3 ══ 解答終了後には，自己採点により学力チェックを行い，別冊の解答・解説をじっくり読んで，弱点補強，知識や考え方の整理などに努めること。

※ 2024 共通テスト本試験問題を編集部にて一部修正して作成しています。

化　学　基　礎

（解答番号 [1] ～ [18]）

必要があれば，原子量は次の値を使うこと。

H 1.0　　C 12　　N 14　　O 16　　Ar 40

第１問　次の問い（**問１**～10）に答えよ。（配点　30）

問１　単体が常温・常圧で気体である元素はどれか。最も適当なものを，次の①～④のうちから一つ選べ。[1]

①　リチウム　　②　ベリリウム　　③　塩　素　　④　ヨウ素

問２　第４周期までの典型元素に関する記述として**誤りを含むもの**はどれか。最も適当なものを，次の①～④のうちから一つ選べ。[2]

①　アルカリ金属元素は，炎色反応により互いを区別することができる。

②　２族元素の原子は，２個の価電子をもつ。

③　17 族元素は，原子番号の小さい元素ほど電気陰性度が大きい。

④　貴ガス（希ガス）元素の原子は，８個の最外殻電子をもつ。

問 3　次の記述**ア〜ウ**のうち，物質の状態変化(三態間の変化)が含まれている記述はどれか。すべてを正しく選択しているものとして最も適当なものを，後の①〜⑦のうちから一つ選べ。 3

ア　海水を蒸留して淡水を得た。

イ　降ってきた雪を手で受けとめると，水になった。

ウ　ドライアイスの塊(かたまり)を室温で放置すると，小さくなった。

① **ア**　② **イ**　③ **ウ**　④ **ア**，**イ**

⑤ **ア**，**ウ**　⑥ **イ**，**ウ**　⑦ **ア**，**イ**，**ウ**

問 4　化学電池に関する記述として正しいものはどれか。最も適当なものを，次の①〜④のうちから一つ選べ。 4

① 二次電池は，充電により繰り返し利用できる電池である。

② 燃料電池は，燃料の燃焼により生じる高温気体を利用して発電する電池である。

③ 電子が流れ込んで酸化反応が起こる電極を正極という。

④ 鉛蓄電池の電解質には，希硝酸が使われている。

問 5　ケイ素と二酸化ケイ素に関する記述として**誤りを含むもの**はどれか。最も適当なものを，次の①〜④のうちから一つ選べ。 5

① ケイ素の結晶は，ダイヤモンドの炭素原子と同じように，ケイ素原子が正四面体構造を形成しながら配列している。

② ケイ素は，金属元素ではない。

③ 二酸化ケイ素の結晶は，半導体の性質を示す。

④ 二酸化ケイ素の結晶では，ケイ素原子と酸素原子が交互に共有結合している。

問 6　純物質の気体が，常温・常圧で容器に詰められている。この気体は，酸素 O_2，窒素 N_2，アンモニア NH_3，アルゴン Ar のいずれかである。この気体には，次の記述**ア**～**ウ**の性質がある。この気体として最も適当なものを，後の①～④のうちから一つ選べ。 [6]

ア　無色・無臭である。

イ　容器の中に火のついた線香を入れると，火が消える。

ウ　密度は，同じ温度・圧力の空気と比べて大きい。

①　O_2　　②　N_2　　③　NH_3　　④　Ar

問 7　メタン CH_4 を完全燃焼させたところ，18 g の水 H_2O が生成した。このとき，生成した二酸化炭素 CO_2 は何 g か。最も適当な数値を，次の①～⑤のうちから一つ選べ。 [7] g

①　9.0　　②　22　　③　33　　④　44　　⑤　88

問 8 酸と塩基，および酸性と塩基性に関する記述として，**誤りを含むもの**はどれか。最も適当なものを，次の①～④のうちから一つ選べ。 8

① 水は反応する相手によって酸としてはたらいたり，塩基としてはたらいたりする。

② 酸の価数および物質量が同じ強酸と弱酸では，過不足なく中和するのに必要な塩基の物質量は強酸の方が多くなる。

③ 水素イオン濃度を用いると，水溶液のもつ酸性や塩基性の強さを表すことができる。

④ 酸の水溶液を水でいくら薄めても，25 ℃ では pH の値は 7 より大きくなることはない。

問 9 下線を付した原子の酸化数を比べたとき，酸化数が最も大きいものを，次の①～④のうちから一つ選べ。 9

① $\underline{S}O_4^{2-}$　② $H\underline{N}O_3$　③ $\underline{Mn}O_2$　④ $\underline{N}H_4^+$

問10　純物質の気体**ア**と**イ**からなる混合気体について，混合気体中の**ア**の物質量の割合と混合気体のモル質量の関係を図1に示した。0℃，1.0×10^5 Pa の条件で密閉容器に**ア**を封入したとき，**ア**の質量は 0.64 g であった。次に，**ア**と**イ**をある割合で混合し，同じ温度・圧力条件で同じ体積の密閉容器に封入したとき，混合気体の質量は 1.36 g であった。この混合気体に含まれる**ア**の物質量の割合は何%か。最も適当な数値を，後の①～⑥のうちから一つ選べ。ただし，**ア**と**イ**は反応しないものとする。［10］%

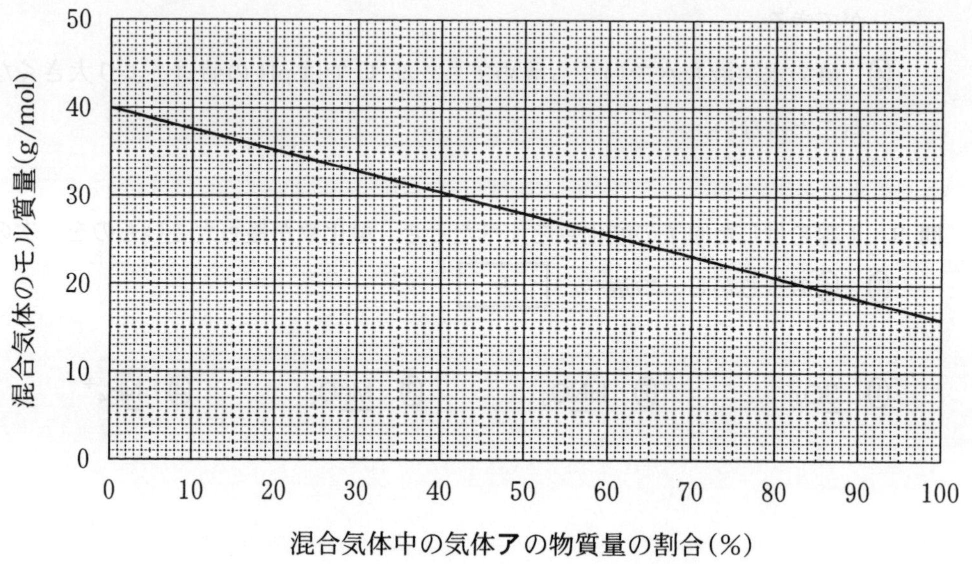

図1　混合気体中の気体**ア**の物質量の割合と混合気体のモル質量の関係

① 19　　② 25　　③ 34　　④ 60　　⑤ 75　　⑥ 88

第2問 宇宙ステーションの空気制御システムに関する次の文章を読み，後の問い(問1～3)に答えよ。(配点　20)

宇宙ステーションで人が生活するには，宇宙ステーション内の空気に含まれる酸素 O_2 と二酸化炭素 CO_2 の濃度を適切に管理する空気制御システムが必要である。

空気制御システムでは，次の式(1)に示すように，水 H_2O の電気分解を利用して O_2 が供給される。また，補充する H_2O の量を削減するために，式(2)のサバティエ反応の利用が試みられている(図1)。この反応では，触媒を用いて CO_2 と水素 H_2 からメタン CH_4 と H_2O を生成するため，人の呼気に含まれる CO_2 の酸素原子を H_2O として回収できる。

$$2\,H_2O \longrightarrow 2\,H_2 + O_2 \qquad (1)$$

$$CO_2 + 4\,H_2 \xrightarrow{\text{触媒}} CH_4 + 2\,H_2O \qquad (2)$$

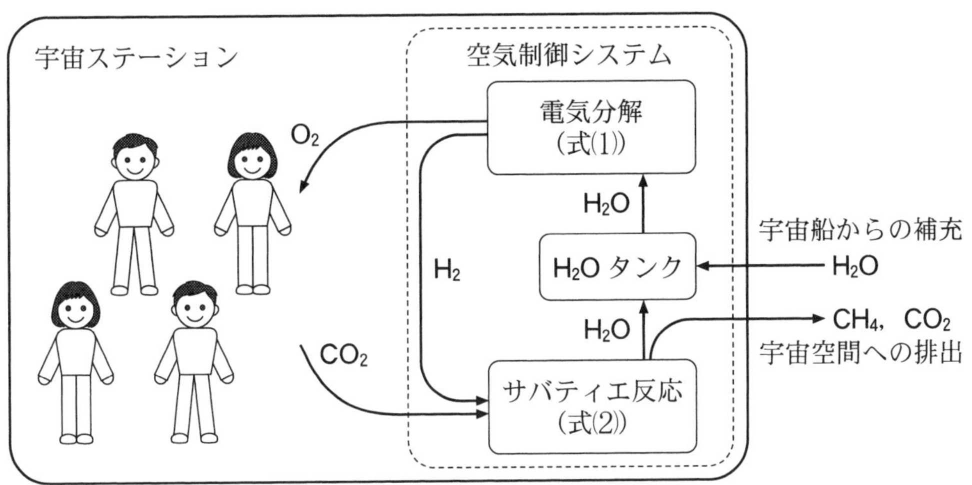

図1　水の電気分解とサバティエ反応を利用した空気制御システムの模式図

問 1　式(1)の電気分解に関する記述として**誤りを含むもの**はどれか。最も適当なものを，次の①～④のうちから一つ選べ。 11

① 陽極側ではO_2が発生する。

② 発生するO_2は，水上置換法で捕集できる。

③ 式(1)の反応は酸化還元反応である。

④ 電気分解で発生するH_2とO_2の質量比は1：16となる。

問 2　サバティエ反応の反応物であるCO_2および生成物であるCH_4に関する次の問い(**a**～**c**)に答えよ。

a　式(2)において，CO_2のC原子とO原子が酸化されるか，還元されるか，酸化も還元もされないかの組合せとして最も適当なものを，次の①～⑥のうちから一つ選べ。 12

	C原子	O原子
①	酸化される	酸化も還元もされない
②	酸化される	還元される
③	酸化も還元もされない	酸化される
④	酸化も還元もされない	還元される
⑤	還元される	酸化される
⑥	還元される	酸化も還元もされない

b　次の化学反応式**ア**～**エ**は，いずれも２種類の反応物から CO_2 が生じる化学反応を示している。**ア**～**エ**の反応において，２種類の反応物をいずれも 1 mol だけ用いて反応させるとき，生成できる CO_2 の物質量が最も多い反応はどれか。最も適当なものを，後の①～④のうちから一つ選べ。ただし，いずれも記された反応のみが進行するものとする。 13

ア　$CaCO_3 + 2\,HCl \longrightarrow CaCl_2 + H_2O + CO_2$

イ　$(COOH)_2 + H_2O_2 \longrightarrow 2\,H_2O + 2\,CO_2$

ウ　$Fe_2O_3 + 3\,CO \longrightarrow 2\,Fe + 3\,CO_2$

エ　$2\,CO + O_2 \longrightarrow 2\,CO_2$

① **ア**　　② **イ**　　③ **ウ**　　④ **エ**

c　CH_4 は常温以下の温度で安定である。しかし，十分な量の塩素と混合して光(紫外線)を照射すると CH_4 の水素原子を塩素原子に置き換えた化合物 CH_3Cl，CH_2Cl_2，$CHCl_3$，CCl_4 ができる。CH_4 を含めた五つの化合物のうち，無極性分子はどれか。最も適当なものを，次の①～⑤のうちから二つ選べ。ただし，解答の順序は問わない。なお，図は分子の形であり，球の大きさはそれぞれの原子の大きさを反映している。

14
15

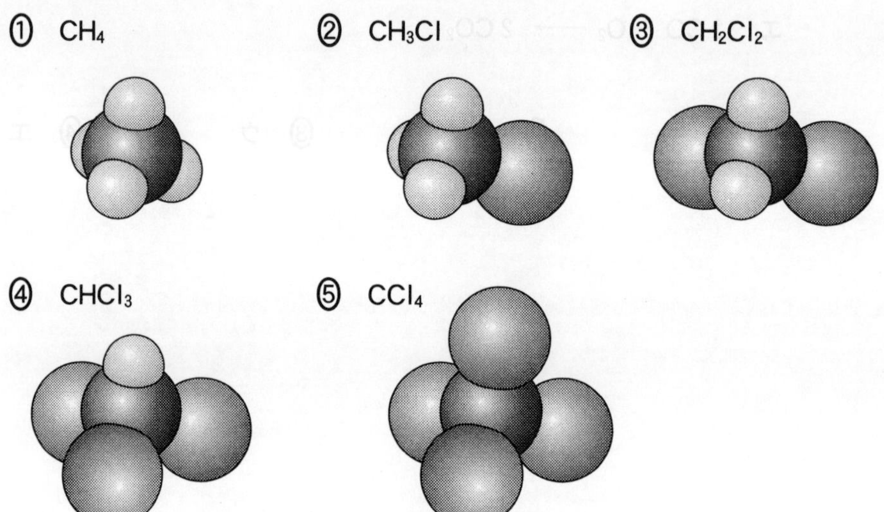

問 3 図1で示した空気制御システムにおける H_2O の量に関する，次の問い（**a**～**c**）に答えよ。

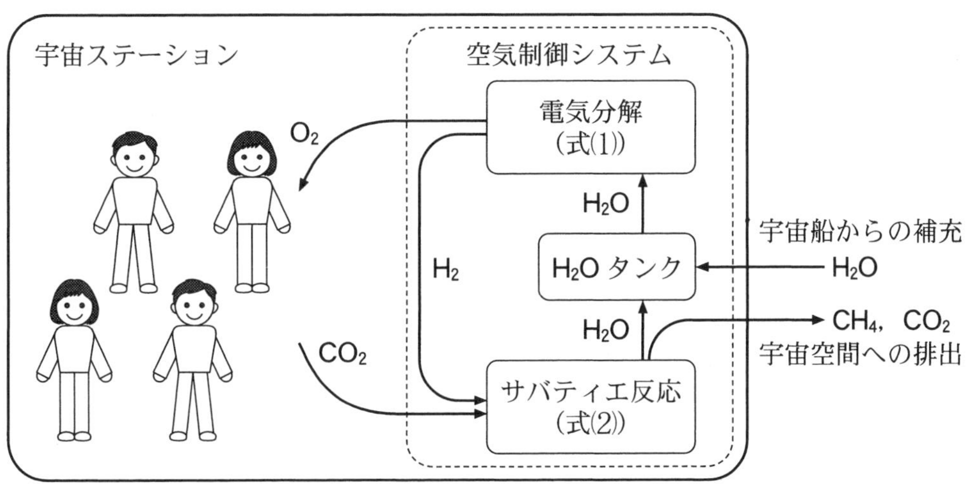

図1　水の電気分解とサバティエ反応を利用した空気制御システムの模式図（再掲）

$$2\,H_2O \longrightarrow 2\,H_2 + O_2 \quad (1)(再掲)$$

$$CO_2 + 4\,H_2 \xrightarrow{触媒} CH_4 + 2\,H_2O \quad (2)(再掲)$$

a　宇宙ステーション内の4人が1日に消費する O_2 の総質量は，およそ3.2 kg である。式(1)の電気分解で 3.2 kg の O_2 を供給するのに必要な H_2O の質量は何 kg か。最も適当な数値を，次の①～⑥のうちから一つ選べ。

[16] kg

① 0.90　② 1.6　③ 1.8　④ 3.2　⑤ 3.6　⑥ 7.2

b　式(2)の反応において 1 mol の CO_2 を使用するとき，使用した H_2 と生成した H_2O の物質量の関係を表したグラフとして最も適当なものを，次の①～④のうちから一つ選べ。 17

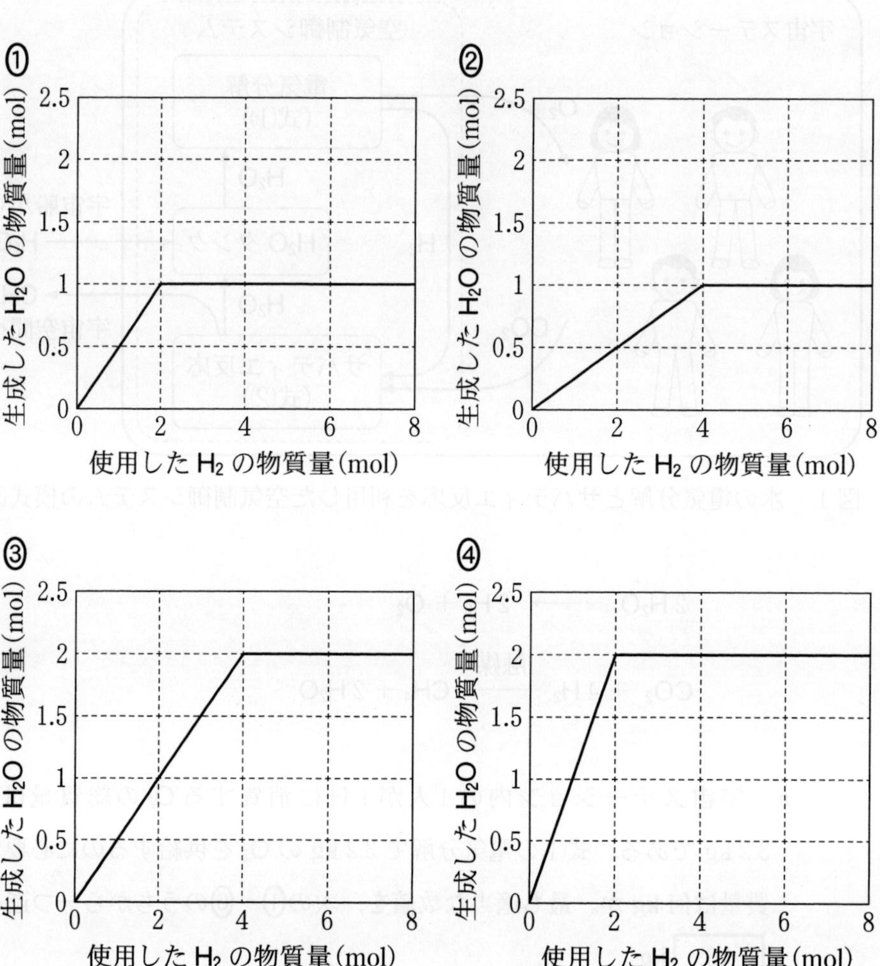

c　式(1)の反応によって 3.2 kg の O_2 が生成したとき，同時に生成した H_2 だけを用いると，式(2)の反応で得られる H_2O の質量は何 kg か。最も適当な数値を，次の①～⑥のうちから一つ選べ。ただし，式(2)の反応に用いる CO_2 は十分な量があるものとする。 [18] kg

① 0.90　② 1.6　③ 1.8　④ 3.2　⑤ 3.6　⑥ 6.4

生 物 基 礎

大学入学 共通テスト“出題傾向と対策”

(1) 出題傾向

共通テストの生物基礎は，本試験・追試験ともに大問数３題，解答数16～18個で構成され，各大問がＡ・Ｂの中問に分割されることにより，生物基礎全分野から大きな偏りなく多様なテーマが出題されている。出題分野は，学習指導要領に沿い，第１問は「生物と遺伝子」，第２問は「生物の体内環境の維持」，第３問は「生物の多様性と生態系」が中心であり，一部では分野横断型の問題もみられる。

単純な知識問題は減少傾向にあり，知識を総合的に用いて文章を読解したり，データの解析や考察を行ったりする，思考力が試される問題が中心である。また，会話形式のリード文のように身近な探究活動を意識した形式や，仮説やその検証実験を設定する問題などもみられる。このような，基本的な知識や理解を基に課題を解決する力，すなわち，文章の読解力や図表から必要な情報を抽出する力，実験考察力などが要求される点は，今後も共通テストの傾向として維持されるだろう。

(2) 対　策〈学習法〉

共通テストは大学教育の基礎力となる知識や技能，および，思考力，判断力，表現力を問う問題である。したがって，知識を暗記しているだけでは必ずしも高得点に結びつかず，また，その場の読解や考察だけで正答できるような設問も多くはない。

対策としてまず重要なのは，生物基礎で扱う生命現象について「教科書」を基に習熟することである。このとき，新課程の学習指導要領に沿い，「生物の特徴」「ヒトの体の調節」「生物の多様性と生態系」の各分野を偏りなく学習することを心がけたい。また，生物用語を個別に丸暗記するのではなく，その用語の周辺事項を含めて科学的な考え方を理解することを大切にしたい。

その上で，過去問などを用いた問題演習を通して総合的な思考力を養っていくとよいだろう。あらゆる傾向を考慮して作成された「実戦問題集」で演習を繰り返せば，無駄なく確実に知識の理解や定着が可能になるだけでなく，高得点に結びつく柔軟な考察力や解析力も養うことができよう。加えて，探究活動的な問題に対応するためにも，教科書で参考や発展として扱われている内容にも目を通しておくとともに，日頃から私たちヒトに関する話題など，身近な生物現象に対する意識を高め，疑問を持ち，理解を深めておくとよい。

●出題分野表

分野	単元・テーマ・内容	2023 本試験	2023 追試験	2024 本試験	2024 追試験
生物と遺伝子	生物の共通性と多様性	○	○	○	○
	細胞とエネルギー	○			○
	遺伝情報と DNA		○	○	○
	遺伝情報の分配	○		○	○
	遺伝情報とタンパク質の合成		○		○
生物の体内環境の維持	体内環境	○	○	○	○
	体内環境の維持の仕組み		○		○
	免疫	○		○	
生物の多様性と生態系	植生と遷移		○		○
	気候とバイオーム	○	○	○	
	生態系と物質循環	○			
	生態系のバランスと保全		○	○	○

※「分野」「単元・テーマ・内容」は旧課程に準じています。

第　1　回

時間　目安30分（2科目選択で計60分）　　　　50点　満点

1 ══ 解答にあたっては，実際に試験を受けるつもりで，時間を厳守し真剣に取りくむこと。

2 ══ 巻末のマークシートⒶを切り離しのうえ練習用として利用すること。

3 ══ 解答終了後には，自己採点により学力チェックを行い，別冊の解答・解説をじっくり読んで，弱点補強，知識や考え方の整理などに努めること。

生 物 基 礎

(解答番号 101 ～ 118)

第1問 次の文章(**A**・**B**)を読み，後の問い(**問1～5**)に答えよ。(配点 15)

A (a)全ての生物には共通する特徴が存在する。その特徴の一つに，(b)DNAの遺伝情報が転写・翻訳され，必要なタンパク質が合成される仕組みがある。(c)DNAは細胞分裂に先だって複製され，新しい細胞に均等に分配される。

問1 下線部(a)について，全ての生物に共通する特徴に関する記述として**誤っているもの**を，次の①～⑤のうちから一つ選べ。 101

① 全ての生物は細胞からなり，細胞の内外は細胞膜によって仕切られている。

② 全ての生物は，体内の環境を一定に保つ仕組みを持つ。

③ 全ての生物は代謝を行い，生命活動に必要なエネルギーをつくる。

④ 全ての生物はミトコンドリアを持ち呼吸を行う。

⑤ 全ての生物は遺伝の仕組みを持ち，自分と同じ構造を持つ個体をつくる。

問2 下線部(b)に関連して，DNAの二重らせん構造は10塩基対で1回転し，1回転のらせんの長さは3.4 nmであることが知られている。ある生物種の細胞1個当たりに含まれるDNAの総塩基数が6.0×10^{10}塩基であるとすると，この生物種の細胞1個当たりに含まれるDNAの長さの合計はどのくらいになるか。その数値として最も適当なものを，次の①～⑨のうちから一つ選べ。 102 m

① 0.1　② 0.2　③ 0.5　④ 1.0　⑤ 2.0
⑥ 5.0　⑦ 10　⑧ 20　⑨ 50

問 3　下線部(c)に関連して，DNA が複製されるときには，DNA を構成する 2 本のヌクレオチド鎖がそれぞれ鋳型となり，複製された DNA には元の DNA の一方のヌクレオチド鎖がそのまま受け継がれる。この仕組みを半保存的複製といい，質量が違う 2 種類の窒素を用いた実験によって確かめられた。この実験に関する次の文章中の ア ～ ウ に入る語句の組合せとして最も適当なものを，後の①～⑧のうちから一つ選べ。 103

大腸菌を培養した場合，大腸菌は培地に含まれる窒素を用いて新しいヌクレオチド鎖を合成する。そこで，複製の仕組みを明らかにするための実験として，培地に含まれる窒素と大腸菌に元から含まれている窒素を区別することが考えられた。大気中に存在する窒素(^{14}N)よりも重い窒素(^{15}N)のみを含む培地で大腸菌を培養すると，^{15}N からなる重い DNA を持つようになる。繰り返し ^{15}N のみを含む培地で培養することにより，DNA 中の窒素が全て ^{15}N になった大腸菌が得られる。

この大腸菌を ^{14}N のみを含む培地で 1 回分裂させると，^{14}N のみからなる DNA と ^{15}N のみからなる DNA と比べて，全ての DNA が， ア 重さとなる。2 回分裂後の DNA は，1 回目の分裂後に得られた重さの DNA と， イ のみからなる DNA がおよそ ウ の比で得られる。

	ア	イ	ウ
①	^{14}N のみからなる DNA と同じ	^{14}N	1：1
②	^{14}N のみからなる DNA と同じ	^{14}N	3：1
③	^{14}N のみからなる DNA と同じ	^{15}N	1：1
④	^{14}N のみからなる DNA と同じ	^{15}N	3：1
⑤	中間の	^{14}N	1：1
⑥	中間の	^{14}N	3：1
⑦	中間の	^{15}N	1：1
⑧	中間の	^{15}N	3：1

B ニシヤマさんとフナキさんは，家でゼラチンを用いてフルーツゼリーを作ったところ，果物の種類によってはうまく固まらなかった。このことについて，生物基礎の授業で習ったことが関係しているのではないかと考え話し合った。

ニシヤマ：やっぱりキウイを入れたゼリーはうまく固まらないね。

フ ナ キ：ほかの果物は何にしたんだっけ。たしか，イチゴとブドウと……

ニシヤマ：缶詰のモモだね。イチゴとブドウとモモは固まったけど，キウイだけうまくいかなかったね。キウイのゼリー食べたかったんだけどな。

フ ナ キ：ちょっと調べてみたんだけど，(d)<u>酵素</u>が関係しているみたいだね。

ニシヤマ：そうなんだ。じゃあ，材料をかえたらうまくいくかな。

フ ナ キ：ちょっと試してみようか。

二人は容器Ａ～Ｄを用意し，表１に従って，イチゴ，キウイ，ゼラチン，寒天を，それぞれ該当する容器に入れて１日程度静置したところ，図１に示すような結果になった。

表 1

容器に入れるもの	容器Ａ	容器Ｂ	容器Ｃ	容器Ｄ
イチゴ	○	○	×	×
キウイ	×	×	○	○
ゼラチン	○	×	○	×
寒 天	×	○	×	○

注：○印は容器に入れたことを，×印は入れなかったことを示す。

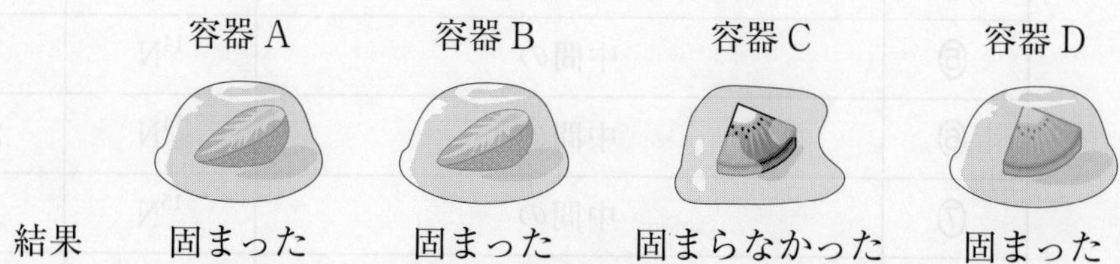

図 1

フ ナ キ：あ，キウイでも寒天を使ったときには固まったよ。

ニシヤマ：寒天は主成分が炭水化物で，ゼラチンはタンパク質なんだね。じゃあ，きっと(e)この違いが関わっているんだろうね。

問４ 下線部(d)に関連して，次の記述ⓐ～ⓒのうち，酵素に関する記述として適当なものはどれか。それを過不足なく含むものを，後の①～⑦のうちから一つ選べ。 104

ⓐ 酵素は生体内で起こるほとんど全ての化学反応に触媒として関与し，触媒として働くと構造が変化して再利用できなくなる。

ⓑ 光合成に関わる酵素は葉緑体に存在する。

ⓒ 酵素には細胞内で働くものもあれば，細胞外に分泌されて働くものも存在する。

① ⓐ　② ⓑ　③ ⓒ　④ ⓐ，ⓑ

⑤ ⓐ，ⓒ　⑥ ⓑ，ⓒ　⑦ ⓐ，ⓑ，ⓒ

問５ 下線部(e)に関連して，キウイが持つ酵素の特徴について二人は話し合った。次の特徴ⓓ～ⓖのうち，ゼリーが固まらない原因となる酵素の特徴として適当なものはどれか。その組合せとして最も適当なものを，後の①～④のうちから一つ選べ。 105

ⓓ タンパク質を分解する。

ⓔ 炭水化物を分解する。

ⓕ イチゴにも含まれる。

ⓖ イチゴには含まれない。

① ⓓ，ⓕ　② ⓓ，ⓖ　③ ⓔ，ⓕ　④ ⓔ，ⓖ

第2問 次の文章(**A**・**B**)を読み，後の問い(**問1～6**)に答えよ。(配点 20)

A 生物の体内に外部から病原体が侵入し体内で増殖すると，生命活動が乱され病気を引き起こすことがあるため，ヒトには病原体の侵入や体内での増殖を防ぐ仕組みが備わっている。まず，(a)物理的・化学的な防御により，病原体が体内に侵入することを防いでいる。また，これらの防御を通り抜けた病原体は(b)免疫の仕組みにより排除される。

問1 下線部(a)について，これらの働きとして**誤っているもの**を，次の①～⑤のうちから一つ選べ。 106

① 消化管や呼吸器の内部は常に乾燥しており，病原体が細胞に付着しにくい構造をしている。

② 気管には繊毛が存在し，繊毛が動いて鼻や口の方向に流れをつくることにより，病原体の侵入を防いでいる。

③ 皮膚表面の細胞は頻繁に入れかわることにより，病原体の侵入を防いでいる。

④ 体表は体外に分泌する汗などにより弱酸性に保たれ，病原体の増殖を防いでいる。

⑤ 涙やだ液などに含まれるリゾチームは，細菌の細胞壁を分解する働きを持っている。

問 2　下線部(b)に関連して，次の文章中の［ア］～［エ］に入る語句の組合せとして最も適当なものを，後の①～⑧のうちから一つ選べ。［107］

体内に侵入した病原体を排除する第一の仕組みは，マクロファージや好中球による病原体の取り込みによる排除である。この作用を［ア］という。［ア］のみで排除できない病原体に対しては，リンパ球による生体防御機構が働く。このリンパ球のうち，骨髄で分化して体液性免疫の中心となる細胞を［イ］，胸腺で分化して細胞性免疫の中心となる細胞を［ウ］という。結核菌のように細胞内に侵入して増殖する病原体に対しては，主に［エ］免疫が働き，病原体を排除する。

	ア	イ	ウ	エ
①	食作用	B 細胞	T 細胞	体液性
②	食作用	B 細胞	T 細胞	細胞性
③	食作用	T 細胞	B 細胞	体液性
④	食作用	T 細胞	B 細胞	細胞性
⑤	抗原抗体反応	B 細胞	T 細胞	体液性
⑥	抗原抗体反応	B 細胞	T 細胞	細胞性
⑦	抗原抗体反応	T 細胞	B 細胞	体液性
⑧	抗原抗体反応	T 細胞	B 細胞	細胞性

問3　免疫の仕組みにおいて重要な点の一つは，自己と非自己を認識することである。この認識が正常に働かない病気には，免疫寛容が破綻することによる自己免疫疾患や，非自己の物質を排除する仕組みが働かないことによる免疫不全などがある。先天的に胸腺の機能を失ったマウスは免疫不全となる。

免疫の仕組みを確かめるために，系統P，系統Q，系統Rの三つの系統のマウスを用意し，図1のように皮膚片の交換移植実験を行った。これらのマウスのうち，1系統は免疫不全であるが，ほかの2系統は正常な免疫の仕組みを持つことが分かっている。また，これらのマウスは系統ごとに特定の自己物質を持ち，自身が持たない自己物質を持つ皮膚片を移植された場合には，免疫の仕組みにより移植された皮膚片を排除する。

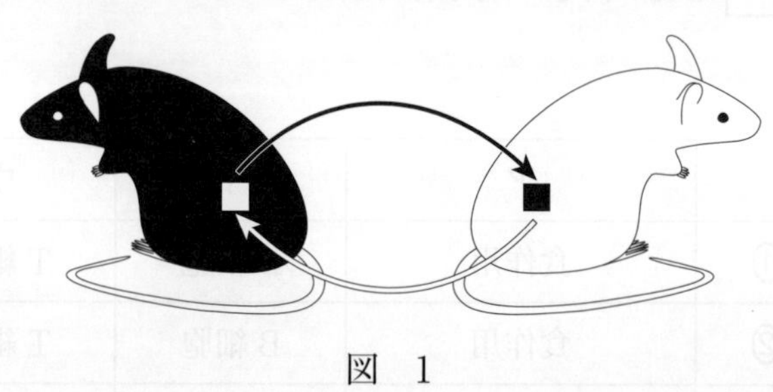

図　1

交換移植実験に用いたマウスの系統の組合せと，実験結果は表1のようになった。

表　1

用いたマウスの系統	結　果
系統P，系統Q	系統Pは約10日で皮膚片が脱落した。 系統Qは皮膚片が生着した。
系統Q，系統R	系統Qは皮膚片が生着した。 系統Rは約10日で皮膚片が脱落した。
系統P，系統R	系統Pは皮膚片が生着した。 系統Rは皮膚片が生着した。

次に，三つの系統のマウスを図2のように交配させ，F_1 マウスを得た。これをマウスA，マウスB，マウスCとする。F_1 マウスはいずれも両親が持つ自己物質の両方を持っている。このとき，次の移植1～3を行うと皮膚片はどうなると予測されるか，最も適当なものを，後の①～④のうちからそれぞれ一つずつ選べ。ただし，同じものを繰り返し選んでもよい。なお，いずれの移植実験に用いたマウスも別個体であり，複数の別個体の組合せで同じ結果が得られたものとする。

移植1 108　　移植2 109　　移植3 110

移植1：マウスAの皮膚片を系統Pのマウスに移植した。

移植2：マウスBの皮膚片を系統Qのマウスに移植した。

移植3：マウスCの皮膚片を系統Rのマウスに移植した。

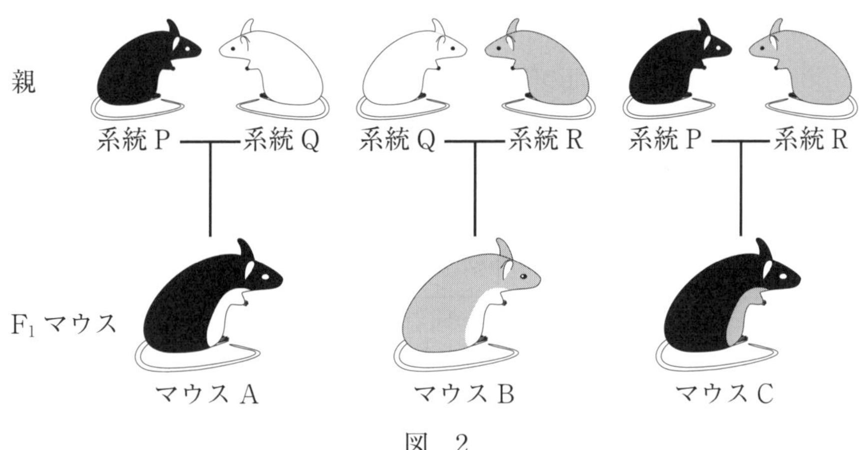

図　2

① 生着する。

② 免疫記憶の仕組みにより，約5日で脱落する。

③ 表1の結果と同様に約10日で脱落する。

④ 免疫寛容の仕組みにより，約20日で脱落する。

B ヒトの心臓を腹側(前側)から見ると，図3のように四つの空間 i ～ivと，それぞれの空間に接続する血管が存在する。血液が循環する原動力は，(c)自律的に収縮を繰り返す心臓の筋肉の活動によって生じる。心臓の拍動は延髄によって(d)自律神経を介して調節されている。

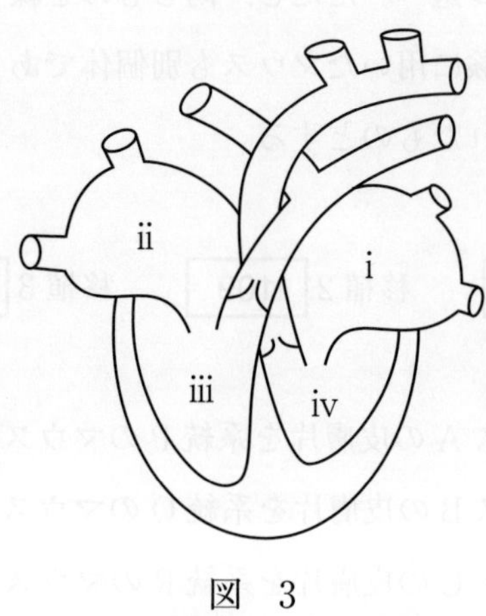

図 3

問4 下線部(c)に関連して，図3中の空間 i ～ivのうち拍動のリズムを生み出す場所がある空間の記号およびその名称，全身から戻ってきた血液が再び全身に送り出されるまでの経路を示した組合せとして最も適当なものを，次の①～⑧のうちから一つ選べ。 111

	空 間	名 称	血液の経路
①	i	洞房結節	ii → iii → i → iv
②	i	洞房結節	iii → ii → iv → i
③	i	房室結節	ii → iii → i → iv
④	i	房室結節	iii → ii → iv → i
⑤	ii	洞房結節	ii → iii → i → iv
⑥	ii	洞房結節	iii → ii → iv → i
⑦	ii	房室結節	ii → iii → i → iv
⑧	ii	房室結節	iii → ii → iv → i

問 5　下線部(d)について，次の記述ⓐ～ⓓのうち，正しい記述はどれか。それを過不足なく含むものを，後の①～⓪のうちから一つ選べ。 112

ⓐ　副交感神経の働きで立毛筋は収縮する。

ⓑ　副交感神経の働きで肝臓でのグリコーゲンの合成は促進される。

ⓒ　交感神経の働きで胃や小腸のぜん動運動は促進される。

ⓓ　交感神経の働きで瞳孔は拡大する。

①　ⓐ　　②　ⓑ　　③　ⓒ　　④　ⓓ
⑤　ⓐ，ⓒ　　⑥　ⓐ，ⓓ　　⑦　ⓑ，ⓒ　　⑧　ⓑ，ⓓ
⑨　ⓐ，ⓒ，ⓓ　　⓪　ⓑ，ⓒ，ⓓ

問6 心臓の拍動を調節する仕組みを明らかにするために，カエルの心臓を用いて**実験1～3**を行った。**実験1～3**から考えられることとして最も適当なものを，後の①～⑤のうちから一つ選べ。なお，リンガー液とはカエルの体液に近い組成の生理的塩類溶液のことである。 113

実験1 カエルの体内から副交感神経を含む心臓を取り出し，図4のようにリンガー液中で静置したところ，取り出したカエルの心臓は一定のリズムで拍動を続けた。

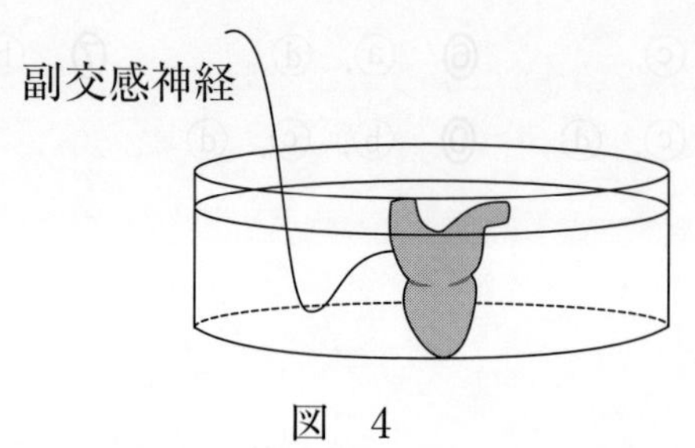

図 4

実験2 **実験1**と同様に取りだしたカエルの心臓Ⅰと，副交感神経を取り除いたカエルの心臓Ⅱの2つを用意し，図5のようにチューブで接続した。図5のように片側の血管から心臓Ⅰにリンガー液を流入させ，心臓Ⅰに接続している副交感神経を電気刺激したところ，心臓Ⅰの拍動のリズムが**実験1**と比べて変化し，やや遅れて心臓Ⅱの拍動のリズムも変化した。

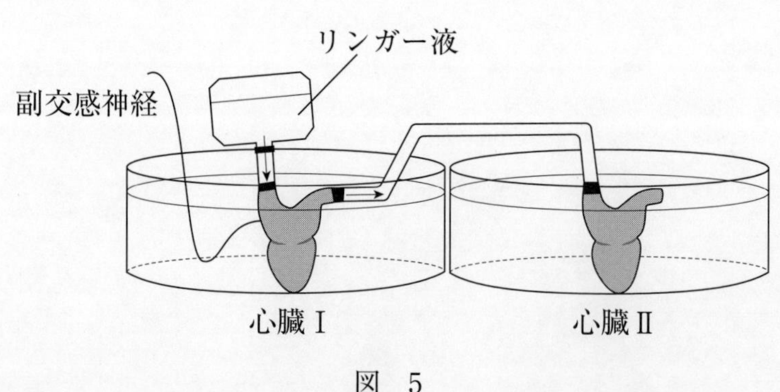

図 5

実験3　**実験1**と同様に取りだしたカエルの心臓Ⅲに，図6のように，リンガー液とチューブを取り付け，副交感神経を電気刺激し，流出したリンガー液を新しい容器に保存した。この容器中に，**実験2**の心臓Ⅱと同様に処理をした心臓Ⅳを静置したところ，心臓Ⅳの拍動のリズムは**実験1**の心臓とは異なっていた。

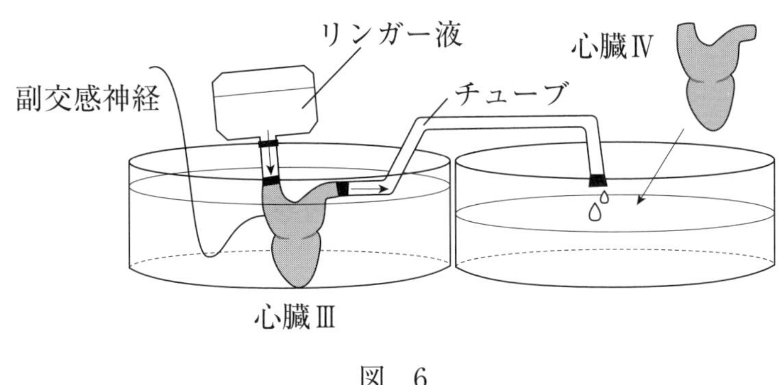

図　6

① 取り出したカエルの心臓がリンガー液中で拍動するためには，交感神経の存在が必要である。

② 取り出したカエルの心臓がリンガー液中で拍動するためには，副交感神経の存在が必要である。

③ 取り出したカエルの心臓のリンガー液中での拍動の調節には，副交感神経から直接刺激を受ける必要がある。

④ 心臓Ⅰや心臓Ⅲに接続している副交感神経が電気刺激を受けることによって何らかの物質がリンガー液中に放出され，その物質を介して心臓Ⅱや心臓Ⅳの拍動が抑制された。

⑤ 心臓Ⅰや心臓Ⅲに接続している副交感神経が電気刺激を受けることによって何らかの物質がリンガー液中に放出され，その物質を介して心臓Ⅱや心臓Ⅳの拍動が促進された。

第３問　次の文章（A・B）を読み，後の問い（問１～４）に答えよ。（配点　15）

A　生態系を構成する生物の種類や個体数は，生物どうしの相互作用や，生物と非生物的環境との相互作用によって絶えず変化している。生態系には，(a)変化を受けてもある一定の範囲に戻ろうとする働きがあり，これを復元力（レジリエンス）という。復元力を超える大きな攪乱（かく）があると，生態系のバランスが大きく崩れ，別の状態に変化してしまうことがある。アメリカ合衆国のイエローストーン国立公園では，(b)オオカミが絶滅したことで公園内の生態系全体に大きな影響がでた。オオカミが絶滅する前の公園内の生態系を簡略化すると，図１のようになった。なお，図１中の矢印は太いほどより多く捕食されていたことを示す。

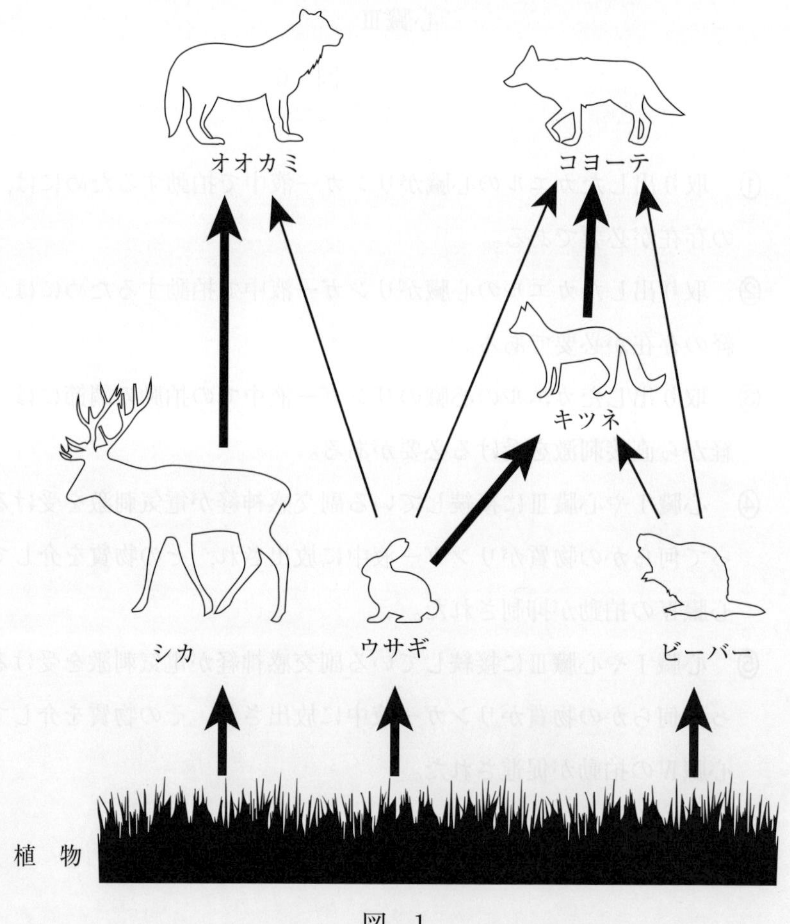

図　1

問1　下線部(a)に関連して，復元力により生態系のバランスが保たれていることに関する次の記述ⓐ～ⓒのうち，適当な記述はどれか。それを過不足なく含むものを，後の①～⑦のうちから一つ選べ。 114

ⓐ　森林の一部が台風や落雷などにより破壊されたが，一次遷移により元と同じような森林に戻った。

ⓑ　河川に一時的に排水が流れ込んだが，水中の微生物により水質が浄化され，流れ込む前と同じような水質に戻った。

ⓒ　放牧地の草丈が短くなったので，その草原に存在しなかった新しい植物種を植えたところ，その植物が草原中に広まり，放牧が継続できた。

① ⓐ　② ⓑ　③ ⓒ　④ ⓐ，ⓑ
⑤ ⓐ，ⓒ　⑥ ⓑ，ⓒ　⑦ ⓐ，ⓑ，ⓒ

問2　下線部(b)に関連して，図1から考えられる，オオカミが絶滅した後の生態系の変化に関する記述として最も適当なものを，次の①～⑤のうちから一つ選べ。 115

①　シカがコヨーテに捕食されるようになり，シカの個体数が減少した。

②　キツネが捕食する動物に占めるビーバーの割合が増え，ビーバーの個体数が減少した。

③　ウサギの個体数は増加したが，ビーバーの個体数は変わらなかった。

④　コヨーテに捕食されるウサギの個体数が増加し，コヨーテの個体数が増加したことによって，キツネの個体数も増加した。

⑤　シカとウサギの個体数が増えたことによって，植物の生物量（現存量）が大きく減少した。

B (c)<u>同じような気候の地域では，同じような植生となるため，同じようなバイオームが成立する</u>。世界各地のバイオームは，図2のように気象条件に対応して分類できる。日本にはそのうち，図3で示されたようなバイオームが存在する。

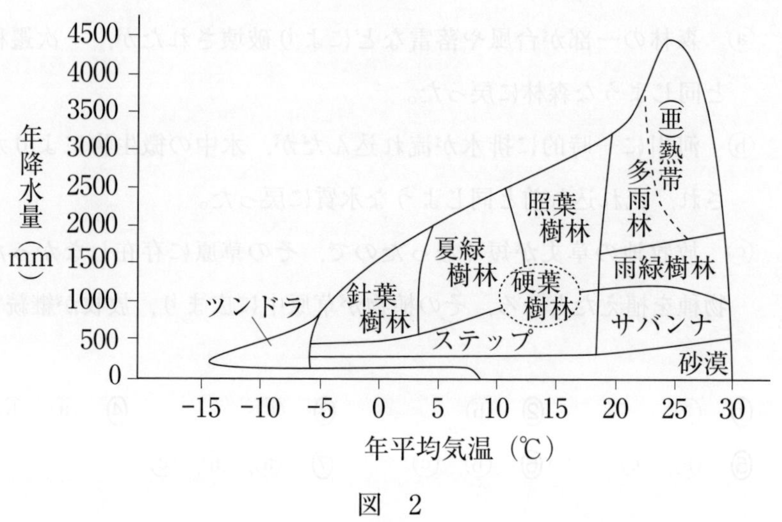

図　2

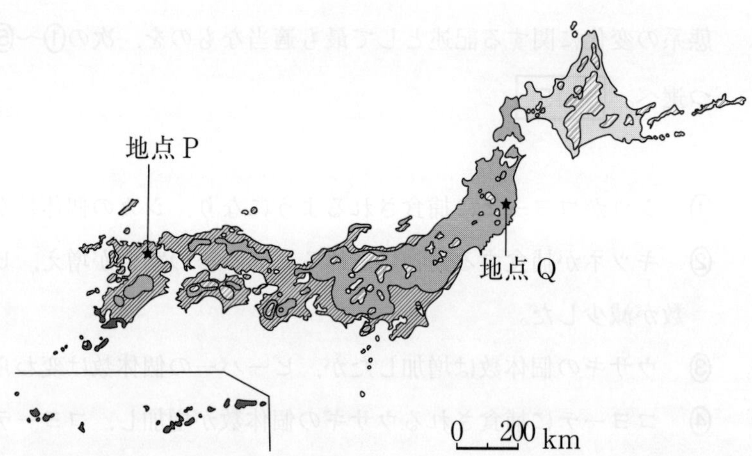

注：異なる色や模様で塗られた地域は異なるバイオームであることを示す。

図　3

問 3　下線部(c)に関連して，様々な世界の地域について，各月の平均気温と降水量を図 4 のⓓ〜ⓘのようなグラフで表した。このグラフからは，気温や降水量の季節的な変化だけでなく，年平均気温や年降水量も計算することができる。図 3 の地点 P および地点 Q のバイオームと，そのバイオームに対応する図 4 のグラフに関する記述として最も適当なものを，後の①〜⑥のうちからそれぞれ一つずつ選べ。

地点 P［116］　地点 Q［117］

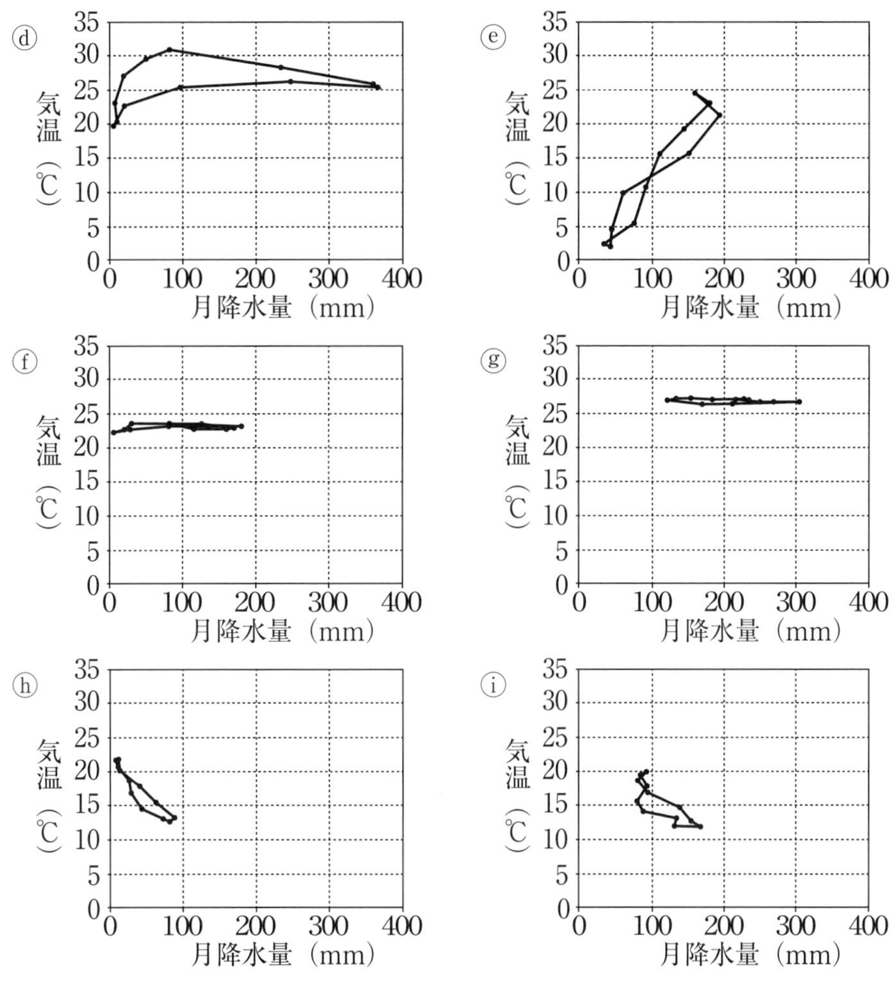

図　4

① フタバガキをはじめとした常緑広葉樹が優占する熱帯多雨林が発達する。このバイオームと同じバイオームが分布する世界の地域のグラフはⓓである。

② ブナをはじめとした落葉広葉樹が優占する夏緑樹林が発達する。このバイオームと同じバイオームが分布する世界の地域のグラフはⓔである。

③ ミズナラをはじめとした落葉広葉樹が優占する夏緑樹林が発達する。このバイオームと同じバイオームが分布する世界の地域のグラフはⓕである。

④ スダジイをはじめとした落葉広葉樹が優占する照葉樹林が発達する。このバイオームと同じバイオームが分布する世界の地域のグラフはⓖである。

⑤ オリーブをはじめとした常緑広葉樹が優占する硬葉樹林が発達する。このバイオームと同じバイオームが分布する世界の地域のグラフはⓗである。

⑥ タブノキをはじめとした常緑広葉樹が優占する照葉樹林が発達する。このバイオームと同じバイオームが分布する世界の地域のグラフはⓘである。

問 4　地点Pで優占する樹種Aと地点Qで優占する樹種Bについて，光の良く当たる部分についている葉をそれぞれ採集し，単位面積当たりの葉の重さを調べたところ，樹種Aの葉と樹種Bの葉では違いがあった。そこで，得られた葉の断面を観察した。図5のⓙ，ⓚのうち，樹種Aの葉の観察結果として適当な図はどちらか。また，後の記述Ⅰ～Ⅲのうち，樹種Aの葉と樹種Bの葉に関する記述として適当なものはどれか。その組合せとして最も適当なものを，後の①～⑥のうちから一つ選べ。 **118**

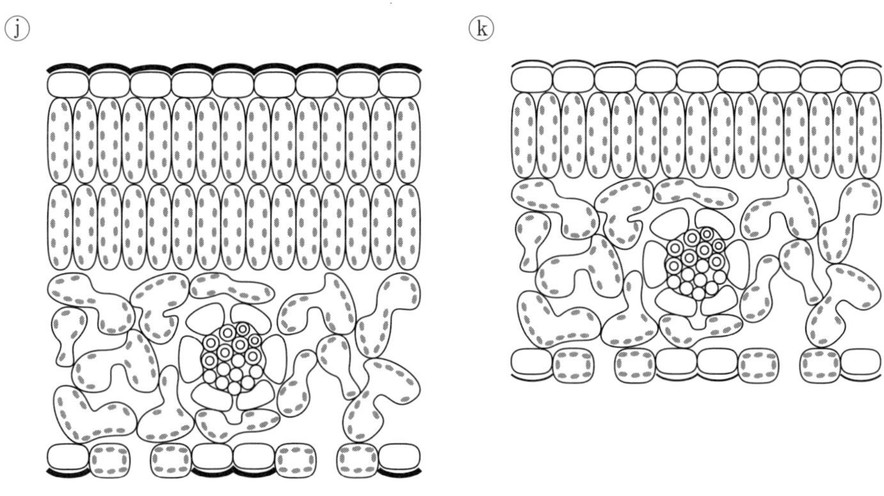

図　5

Ⅰ　地点Pは地点Qよりも年間を通して温暖であるが，冬の日照時間は地点Qよりも短い。よって，葉の生産に使える光合成産物量が樹種Aの方が樹種Bよりも少ないため，樹種Aの葉は樹種Bの葉よりも軽い。

Ⅱ　地点Pは地点Qよりも年間を通して温暖であるが，冬の日照時間は地点Qと変わらない。樹種Aは冬に落葉するため，光合成に適している夏に丈夫な葉をつくる。よって，樹種Aの葉は樹種Bの葉よりも重い。

Ⅲ　地点Pは地点Qよりも年間を通して温暖で冬の日照時間も長いため，樹種Aは冬に落葉しないほうが良い。葉は長期間利用できるように分厚く丈夫であり，樹種Aの葉は樹種Bの葉よりも重い。

①　ⓙ，Ⅰ	②　ⓙ，Ⅱ	③　ⓙ，Ⅲ
④　ⓚ，Ⅰ	⑤　ⓚ，Ⅱ	⑥　ⓚ，Ⅲ

第　2　回

時間　目安30分（2科目選択で計60分）　　　　50点　満点

1 ══ 解答にあたっては，実際に試験を受けるつもりで，時間を厳守し真剣に取りくむこと。

2 ══ 巻末のマークシートⒶを切り離しのうえ練習用として利用すること。

3 ══ 解答終了後には，自己採点により学力チェックを行い，別冊の解答・解説をじっくり読んで，弱点補強，知識や考え方の整理などに努めること。

生　物　基　礎

（解答番号 101 ～ 118）

第1問　次の文章（A・B）を読み，後の問い（問1～6）に答えよ。（配点　17）

A　全ての生物は，共通の祖先から進化してきたため，生物には共通性と多様性がみられる。共通性の一例として，全ての生物は(a)代謝を行い，(b)ATPのエネルギーを利用して生命活動を行う。また，全ての生物が細胞からできていることも一例として挙げられる。基本的な細胞の構造や機能は全ての生物で共通しているが，細胞の種類によって細胞小器官に違いがみられる。植物細胞には葉緑体が含まれており，(c)光合成が行われる。

問1　下線部(a)について，代謝や酵素に関する記述として最も適当なものを，次の①～⑤のうちから一つ選べ。 101

①　代謝のうち，異化は生命活動にとって不可欠であるため全ての生物が行っているが，同化は一部の真核生物のみが行う反応である。

②　同化はエネルギーを放出して進行する反応であり，異化はエネルギーを吸収して進行する反応である。

③　代謝反応を促進させる触媒として働く酵素は核酸でできており，細胞内で合成されている。

④　酵素を細胞内から細胞外に取り出すと構造が不可逆的に変化するため，その働きを失う。

⑤　酵素は化学反応の前後で変化せず何度も繰り返し利用できるため，少量でも多くの反応を促進することができる。

問 2　下線部(b)に関連して，400 万個の細胞で構成されている生物 X における，1 日の ATP の総消費量は細胞 1 個当たり 0.83 ng である。細胞 1 個にはもともと 0.00084 ng の ATP が含まれていた場合，生物 X では 1 日につき ATP がおよそ何回再生されていることになるか。最も適当な数値を，次の①～⑥のうちから一つ選べ。 102 回

① 3.3　　② 330　　③ 990

④ 2800　　⑤ 3360　　⑥ 4050

問 3　下線部(c)に関連して，緑色以外の色素を持つ細胞でも光合成が行われているかどうかを調べるため，**実験 1** を行った。

実験 1　二酸化炭素の量が増えると黄色に，減ると赤紫色に変化する黄赤色の pH 指示薬の入った２本の試験管Ⅰ・試験管Ⅱを用意した。次に，緑色，赤色のピーマンの果肉の断片(ともに同じ大きさにしたもの)を，pH 指示薬が付着しないようにそれぞれ試験管に入れ，40 分ほど光を照射した。その結果，試験管Ⅰの pH 指示薬は赤紫色を，試験管Ⅱの pH 指示薬は黄色を呈した。図１は，その様子を模式的に示したものである。

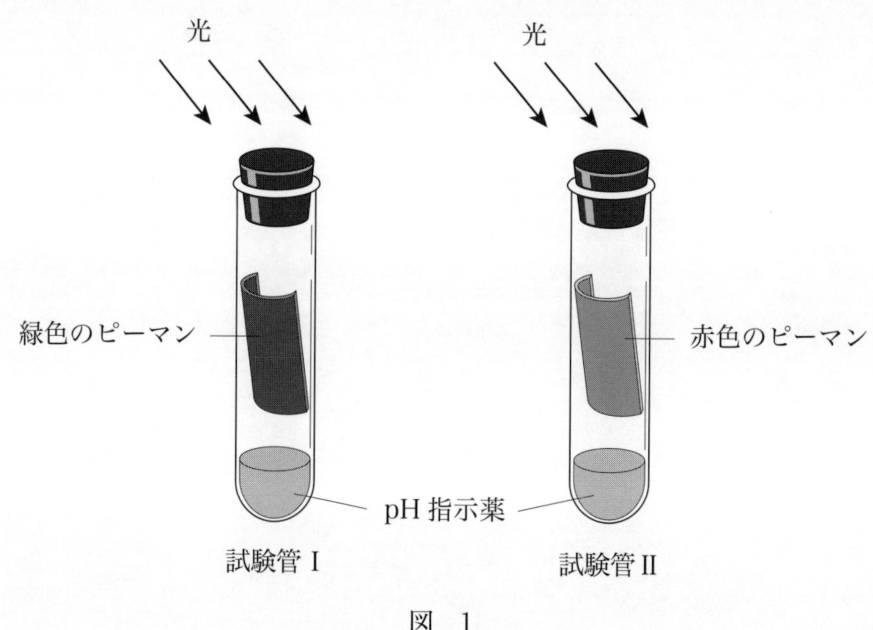

図　1

この結果より，緑色のピーマンでは光合成が行われるが，赤色のピーマンでは光合成が行われないことが推測される。しかし，試験管Ⅰでの pH 指示薬の色の変化が光合成によるものではなく，「光を照射したことで pH 指示薬の色が変化した」という**可能性[1]**，「光合成以外の何かしらの反応により試験管内の二酸化炭素の量が変化した」という**可能性[2]**が考えられる。**可能性[1]**と**可能性[2]**を検証するために，次の実験ⓐ～ⓔのうち，それぞれどの実験を行えばよいか。その組合せとして最も適当なものを，後の①～⓪のうちから一つ選べ。 103

ⓐ　緑色のピーマンの果肉の断片のみが入った試験管に光を照射する実験。

ⓑ　緑色のピーマンの果肉の断片のみが入った試験管にアルミニウム箔を巻き，光を照射する実験。

ⓒ　pH 指示薬のみが入った試験管に光を照射する実験。

ⓓ　pH 指示薬のみが入った試験管にアルミニウム箔を巻き，光を照射する実験。

ⓔ　pH 指示薬と緑色のピーマンの果肉の断片が入った試験管にアルミニウム箔を巻き，光を照射する実験。

	可能性[1]を検証する実験	**可能性[2]**を検証する実験
①	ⓐ	ⓑ
②	ⓐ	ⓔ
③	ⓑ	ⓐ
④	ⓑ	ⓒ
⑤	ⓒ	ⓓ
⑥	ⓒ	ⓔ
⑦	ⓓ	ⓑ
⑧	ⓓ	ⓒ
⑨	ⓔ	ⓐ
⓪	ⓔ	ⓓ

B (d)<u>遺伝子の本体はDNA</u>であり，(e)<u>DNAの遺伝情報にはタンパク質のアミノ酸配列の情報が含まれる</u>。真核生物のDNAはタンパク質とともに折りたたまれて(f)<u>染色体</u>を形成している。

問 4 下線部(d)に関連して，DNAと遺伝子に関する記述として最も適当なものを，次の①～⑤のうちから一つ選べ。 104

① ヒトのゲノムDNAのうち，遺伝子として働くのは一部の領域だけである。

② 同一人物において，皮膚(ふ)の細胞の核と心臓の細胞の核にある遺伝子の塩基配列は異なる。

③ 同一人物において，皮膚の細胞の細胞質と心臓の細胞の細胞質にあるmRNAの種類は同じである。

④ 原核生物には，遺伝子としてDNAではなくRNAを利用しているものもいる。

⑤ ゲノムの大きさは生物の種類ごとに異なるが，遺伝子数はどの生物でも同じである。

問 5　下線部(e)に関連して，次の文章中の［ア］・［イ］に入る語句の組合せとして最も適当なものを，後の①～⑥のうちから一つ選べ。［105］

遺伝子が働いてタンパク質が合成される過程では，まずDNAの2本鎖がほどけ，塩基配列がmRNAに写し取られる［ア］が起こる。次に，mRNAの塩基配列にしたがって指定のアミノ酸が次々と結合していく［イ］が起こる。

	ア	イ
①	転　写	翻　訳
②	転　写	発　現
③	複　製	転　写
④	複　製	翻　訳
⑤	発　現	転　写
⑥	発　現	翻　訳

問 6　下線部(f)に関連して，ショウジョウバエの幼虫が持つだ腺の細胞に含まれるだ腺染色体は，通常の染色体の100～150倍もの大きさを持つ巨大染色体であり，遺伝子が働く様子を比較的容易に観察することができる。ショウジョウバエの幼虫のだ腺を取り出し，DNAを青緑色に，RNAを赤色に染めるメチルグリーン・ピロニン液で細胞を10分間染色し検鏡すると，だ腺染色体にはパフと呼ばれるふくらんだ部分が観察された。このだ腺染色体の観察に関する記述として**誤っているもの**を，次の①～④のうちから一つ選べ。［106］

① 発生時期の異なる幼虫では，パフの位置が異なる。
② だ腺染色体全体は赤色に，パフの部分は青緑色に染色される。
③ だ腺染色体の多数の横縞模様は，遺伝子の位置を知る目安になる。
④ だ腺の細胞に標識したウラシル(U)を与えると，パフの部分から標識が検出される。

第2問　次の文章(A・B)を読み，後の問い(問1～6)に答えよ。(配点　17)

A　授業で(a)<u>血液</u>凝固について学んだヒロコさんとカオリさんは，この仕組みについて実験を行い調べることにした。

カオリ：まずは，材料や器具をそろえなきゃね。肝心の血液はどうしよう。

ヒロコ：先生に聞いたら，ブタの血液を使わせてもらえるそうだよ。

カオリ：それはよかった！でも，ブタの血液ってそのままでは固まってしまうから，どうにか処理しないとね。

ヒロコ：その点は大丈夫。先生が血液にクエン酸ナトリウム溶液をあらかじめ入れてくれたみたい。

カオリ：それなら，血液がすぐに固まらずに済むね。さっそくやってみよう。

ヒロコさんとカオリさんは，4本の試験管にクエン酸ナトリウムで処理したブタの血液を3mLずつ入れた。その直後に次の**処理1～4**のいずれかの処理を行い，5分後に試験管内を観察した。

処理1　試験管を37℃に保った。

処理2　塩化カルシウム水溶液を3mL加え，よく振とうした後，試験管を37℃に保った。

処理3　塩化カルシウム水溶液を3mL加え，よく振とうした後，試験管を37℃に保ち，ガラス棒で攪拌(かくはん)した。

処理4　遠心分離して血液の有形成分を沈殿させた後，上澄み1mLを新しい試験管に取り，希釈し，37℃に保った。その後，上澄みに塩化カルシウム水溶液を3mL加えた。

ヒロコ：5分経ったから結果をみてみましょう。**処理1**を行った試験管では何の変化もみられないけど，**処理2**を行った試験管には塊があるよ。塩化カルシウム水溶液には血液の凝固を［ア］する性質があるんだね。

カオリ：なるほど！

ヒロコ：**処理3**を行った試験管では何の変化もみられないけど，ガラス棒に何か細いひものような物質が付着しているね。

カオリ：これはきっと［イ］だね。これがなくなったから，血液凝固が起こらなかったんだよ。

ヒロコ：**処理4**を行った試験管でも同じようなひものような物質がみえるよ。この物質は**処理3**のときの物質と同じかな？

カオリ：ちょっと待って，授業でとったノートをみてみるね。……そうだね。同じ物質のはずだよ。

ヒロコ：ということは，(b)<u>**処理3**と**処理4**の結果から，［イ］がどんな性質を持つ物質であるかが分かるね</u>。

カオリ：血液凝固って出血やバイ菌などの侵入を防ぐ効果がある反面，血管のなかにこんな塊ができたら，［ウ］などが起きてしまって，からだを危険な状態にしてしまうのではないかな？

ヒロコ：確か，血管が修復された後は，その血の塊を分解する線溶という仕組みがあるはずだよ。

カオリ：そうなんだ！からだの仕組みってすごいね。

問1　下線部(a)に関連して，ヒトの血液に関する記述として最も適当なものを，次の①～⑤のうちから一つ選べ。［107］

① 血液の血しょう成分と血球成分の重量比はおよそ2：1である。
② 血液の血球成分が組織液中にしみ出ることがある。
③ 血球は脊髄の造血幹細胞からつくられる。
④ 赤血球の寿命はおよそ120日で，古くなった赤血球はすい臓で破壊される。
⑤ 赤血球は核を持つが，白血球は核を持たない。

問2　上の会話文中の［ア］～［ウ］に入る語句の組合せとして最も適当なものを，次の①～⑧のうちから一つ選べ。［108］

	ア	イ	ウ
①	促　進	フィブリン	心筋梗塞
②	促　進	フィブリン	が　ん
③	促　進	トロンビン	心筋梗塞
④	促　進	トロンビン	が　ん
⑤	抑　制	フィブリン	心筋梗塞
⑥	抑　制	フィブリン	が　ん
⑦	抑　制	トロンビン	心筋梗塞
⑧	抑　制	トロンビン	が　ん

問3　下線部(b)に関連して，次の記述ⓐ～ⓓのうち，上の会話文と**処理3**・**処理4**の結果のみから導き出すことができる［イ］の性質について説明した記述はどれか。それを過不足なく含むものを，後の①～⑦のうちから一つ選べ。［109］

ⓐ　血液の有形成分に由来する。

ⓑ　血液の上澄みの液体成分に由来する。

ⓒ　生じるには由来する成分と塩化カルシウム水溶液中の成分の両方が必要である。

ⓓ　塊をつくるには血球が必要である。

① ⓐ　② ⓑ　③ ⓐ，ⓒ　④ ⓐ，ⓓ
⑤ ⓑ，ⓒ　⑥ ⓐ，ⓑ，ⓒ　⑦ ⓐ，ⓒ，ⓓ

B ヒトの腎臓は腹部の背中側に左右一対ある臓器であり，血しょう中の成分の(c)ろ過と再吸収によって尿を生成し，老廃物を体外へ排出している。表1は，健康なヒトの血しょう，原尿，尿に含まれる各種成分の濃度(%)を表したものである。

表 1

成 分	血しょう	原 尿	尿
タンパク質	7	0	0
ナトリウムイオン	0.32	0.32	0.35
尿 素	0.03	0.03	2.0

問 4 腎臓の構造と尿生成に関する記述として**誤っているもの**を，次の①～⑤のうちから一つ選べ。 110

① 細尿管(腎細管)は，ネフロン(腎単位)に含まれる。

② 腎小体(マルピーギ小体)は皮質のみに存在するが，細尿管は皮質と髄質の両方に存在する。

③ 腎動脈からの血しょうが糸球体でろ過される。

④ 水は細尿管だけでなく，集合管でも再吸収される。

⑤ 尿に含まれる尿素のほとんどは，腎臓でつくられたものである。

問５　下線部(c)に関連して，表１の各成分におけるろ過と再吸収に関する記述として最も適当なものを，次の①～⑥のうちから一つ選べ。 111

① タンパク質は尿中に全く含まれていないため，ろ過されたタンパク質は全て再吸収されることが分かる。

② タンパク質は尿中に全く含まれていないため，ろ過されたタンパク質は再吸収されないことが分かる。

③ 原尿中と尿中のナトリウムイオンの濃度がほぼ同じであるため，ろ過されたナトリウムイオンは再吸収されず全て排出されることが分かる。

④ 原尿中と尿中のナトリウムイオンの濃度がほぼ同じであるため，ナトリウムイオンの再吸収率は水と同程度であることが分かる。

⑤ 尿素は原尿中よりも尿中の濃度の方が高いため，ろ過された尿素は再吸収されず全て排出されることが分かる。

⑥ 尿素は原尿中よりも尿中の濃度の方が高いため，尿素の再吸収率は水よりも高いことが分かる。

問 6 原尿中のグルコース量とその再吸収量には相関関係がある。原尿中のグルコース量がある一定の値になるまでは，グルコースは全て再吸収されるため尿中に排出されないが，その値以上になると，再吸収しきれなかったグルコースが尿中に排出される。この相関関係を示したグラフとして最も適当なものを，次の①～⑧のうちから一つ選べ。ただし，縦軸と横軸の単位はどちらも mg/ 分であり，グラフ中の実線(──)の縦軸は「再吸収量」を，点線(----)の縦軸は「尿中への排出量」を表している。 112

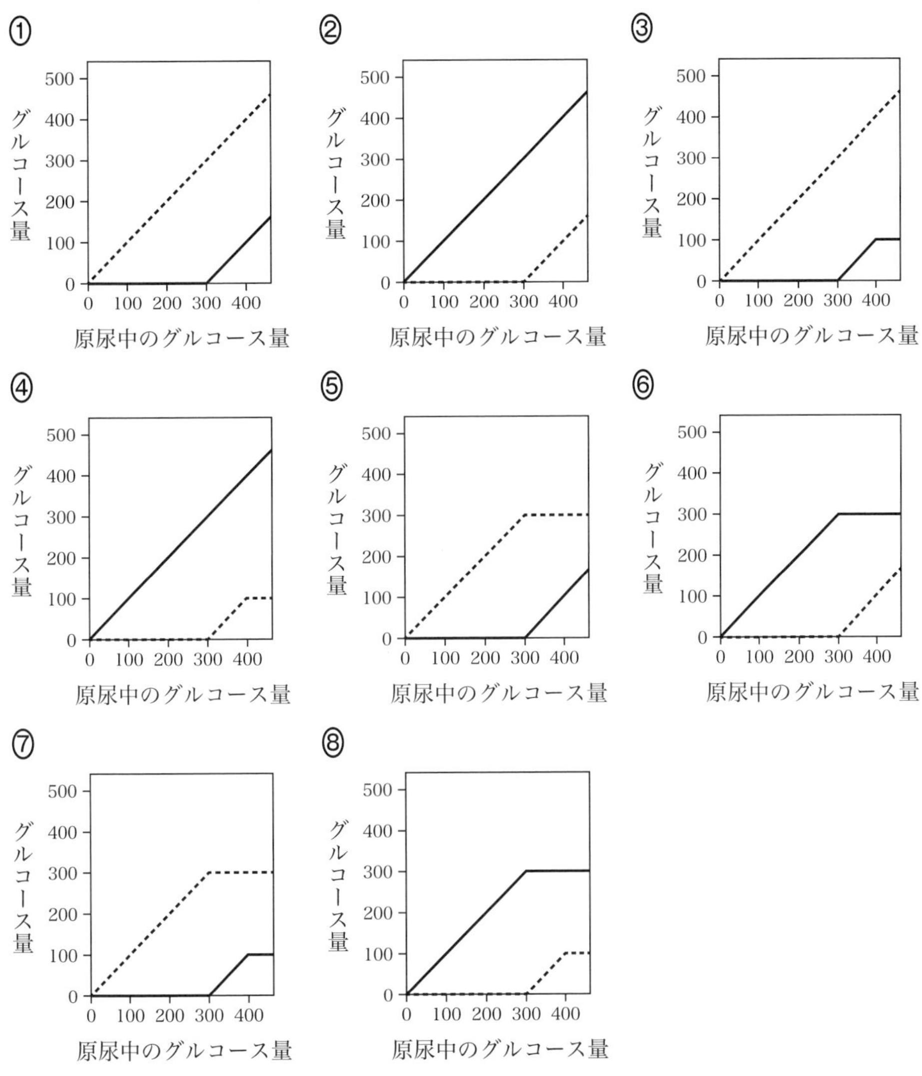

第3問　次の文章(A・B)を読み，後の問い(問1～6)に答えよ。(配点　16)

A　大学のオープンキャンパスに行ってきたタカシさんとリュウさんは，大学生から(a)<u>植生の遷移</u>に関する資料(図1)をもらい，その資料について話し合った。

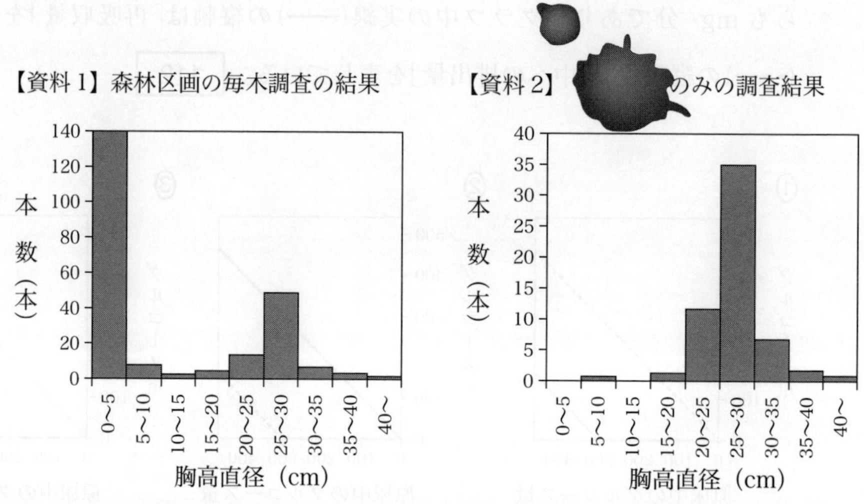

図1　リュウさんが大学生からもらった資料の一部

タカシ：資料1は，大学のキャンパス内にある森林区画の毎木調査の結果だね。

リュウ：大学生の人たちが自分たちで調査してつくったって言っていたね。

タカシ：ところで，毎木調査って何の調査なんだろう。

リュウ：インターネットでは「ある地域内に出現する全樹木について，樹種・胸高直径・樹高などを測定する調査」ってあるよ。

タカシ：全樹木について調べたのか！？大学生ってすごいね。特にこの資料では胸高直径の違いに注目して本数を数えているね。胸高直径って何の値なんだろう。

リュウ：ちょっと待ってね……え～と，インターネットでは「成人の胸の高さにおける樹木の直径」とあるね。胸高直径が 20 cm を超えると樹高が 10 m 以上になるものが多いみたい。

タカシ：ふむふむ。資料2はキャンパス内の森林区画にある樹木のうち，ある樹種のみの調査結果らしいけど……あれ。何の木か分からないぞ？

リュウ：えへへ。実はコーヒーをこぼしてしまって，資料2で調査した木が何であったのか分からなくなってしまったんだ。

タカシ：それなら，図のデータからどのような木であったのかを推測してみよう。

リュウ：よし，まずはこの森林内の環境について考えてみよう。資料1から，胸高直径25～30 cmの樹木が林冠を形成していると推測できるから，この森林内の環境は［ア］ことが分かるね。

タカシ：なるほど。その上で資料2をみると，調査した木はこの森林区画の優占種［イ］ことが分かるね。そしてこの森林で遷移が進んだ後［ウ］はずだ。

リュウ：ということは，この木の候補として［エ］などが挙げられるね。

タカシ：このように，データから推測できるものなんだね。

リュウ：僕たちも大学生になったら，このような調査をたくさんしてみたいね。

問1　下線部(a)に関する記述として最も適当なものを，次の①～⑤のうちから一つ選べ。［113］

① 一次遷移では，土壌が発達するまで植物が進入できない。

② 大規模な山崩れにより地下の母岩が露出した場所から始まる遷移は，二次遷移の一例である。

③ 先駆植物(パイオニア植物)の定着した場所では，栄養分の収奪が起こり，他の植物は進入できなくなる。

④ 遷移が進行する原因として，植物の繁茂により雨水の流出が減少し，土壌が乾燥しにくくなることが挙げられる。

⑤ 遷移の後期に出現する植物は，風によって運ばれやすい軽い果実や種子をつくる。

問 2　上の会話文中の ア に入る記述として最も適当なものを，次の①～④のうちから一つ選べ。 114

① 比較的明るく，林床の植物種数は遷移が進んでいない状態と比べて豊富である

② 比較的明るく，林床の植物種数は遷移が進んでいない状態と比べて限られている

③ 比較的暗く，林床の植物種数は遷移が進んでいない状態と比べて豊富である

④ 比較的暗く，林床の植物種数は遷移が進んでいない状態と比べて限られている

問 3　上の会話文中の イ ～ エ に入る語句の組合せとして最も適当なものを，次の①～⑧のうちから一つ選べ。 115

	イ	ウ	エ
①	である	も優占種となる	アカマツ
②	である	も優占種となる	スダジイ
③	である	はほとんどみられなくなる	アカマツ
④	である	はほとんどみられなくなる	スダジイ
⑤	ではない	は優占種となる	アカマツ
⑥	ではない	は優占種となる	スダジイ
⑦	ではない	はほとんどみられなくなる	アカマツ
⑧	ではない	はほとんどみられなくなる	スダジイ

B 生物基礎の授業で「『生態系のバランスと保全』というとなにか大きなテーマのように思う人も多いだろうけど，身近に(b)生態系のバランスの乱れを感じる例もたくさんあるんだ」という先生の言葉を聞いた私は，どのような例があるか調べてみた。特に，(c)外来生物について調べてみると，いろいろなことがわかってきた。

問4 下線部(b)についての記述として**誤っているもの**を，次の①～④のうちから一つ選べ。 116

① 埋め立てなどで干潟の面積が増大したことにより，内湾の水質の悪化を引き起こし様々な生物に重大な影響をおよぼしている。

② 温室効果ガスによってもたらされている地球温暖化により，ホッキョクグマの生息地の減少や，サンゴの白化現象などが報告されている。

③ 生活排水などの大量流入により湖や海などで富栄養化が起こると，特定の生物の増加や大量死などが起こることがある。

④ DDT などの農薬の使用は，生物濃縮によってワシなどの猛禽(もうきん)類を激減させることとなった。

問 5 下線部(c)についての記述として最も適当なものを，次の①～④のうちから一つ選べ。 117

① 植物の種子が渡り鳥によって運ばれたり，潮の流れによって魚が泳ぎ着くなど，外来生物は様々な方法で移入する。

② 外来生物が在来生物と互いに交雑して共存できるならば，外来生物が移入することは特に問題にはならない。

③ 外来生物が増殖するためには，移入先に天敵がいないことや，餌となる生物が生息していることなど，一定の条件が必要である。

④ 外来生物を全て駆除することができれば，生態系のバランスは理想的な状態になる。

問 6 外来生物のうち，特に日本の生態系に影響をおよぼすものは特定外来生物に指定され，その生物種の飼育や輸入などが原則禁止されている。特定外来生物に指定されている生物として**誤っているもの**を，次の①～⑤のうちから一つ選べ。 118

① オオクチバス

② アホウドリ

③ ウシガエル

④ アライグマ

⑤ マングース

第　3　回

時間　目安30分（2科目選択で計60分）　　　　50点　満点

1 ── 解答にあたっては，実際に試験を受けるつもりで，時間を厳守し真剣に取りくむこと。

2 ── 巻末のマークシートⒶを切り離しのうえ練習用として利用すること。

3 ── 解答終了後には，自己採点により学力チェックを行い，別冊の解答・解説をじっくり読んで，弱点補強，知識や考え方の整理などに努めること。

生物基礎

(解答番号 101 ～ 117)

第1問 次の文章(A・B)を読み，後の問い(問1～5)に答えよ。(配点 15)

A 地球上には様々な環境があり，それぞれの環境に適応した多種多様な生物が見られるが，あらゆる生物において，そのからだが(a)<u>細胞</u>からなるという点は共通している。また，細胞は細胞質が細胞膜に包まれているという点も共通している。生物には，からだが細胞からなるという点以外にも，(b)<u>代謝を行う</u>ことや，遺伝子の本体としてDNAを持つことなどの共通点もある。

問1 下線部(a)について，様々な生物の細胞に関する記述として最も適当なものを，次の①～⑥のうちから一つ選べ。 101

① ネンジュモの細胞には葉緑体が存在しないが，光合成を行うことができる。

② 植物の細胞には葉緑体は存在するが，ミトコンドリアは存在しない。

③ 動物や植物の細胞は全て100 μm以下の大きさであり，肉眼で確認することは不可能である。

④ 大腸菌の細胞にはミトコンドリアが存在し，呼吸を行うことができる。

⑤ 動物の細胞のうち，皮膚などの硬い細胞には細胞壁がある。

⑥ あらゆる生物の組織において，DNAを含まない細胞は存在しない。

問２　下線部(b)に関連して，代謝ではエネルギーのやり取りにATPが利用される。代謝とATPに関する次の文章中の［ア］～［ウ］に入る語句の組合せとして最も適当なものを，後の①～⑧のうちから一つ選べ。［102］

代謝には，単純な物質から複雑な有機物を合成する反応と，複雑な有機物を単純な物質に分解する反応があり，有機物を［ア］する反応では，反応の進行にともなって体外から得たエネルギーが体内に蓄えられる。このような反応の例として，植物の葉緑体で行われるものがあり，その過程ではATPの［イ］が起こる。一方，ミトコンドリアで行われる反応では，反応の進行にともなってエネルギーが放出され，このとき放出されたエネルギーは，ATP分子中の［ウ］の結合に貯蔵される。

	ア	イ	ウ
①	分　解	合成のみ	糖とリン酸
②	分　解	合成のみ	リン酸どうし
③	分　解	合成と分解	糖とリン酸
④	分　解	合成と分解	リン酸どうし
⑤	合　成	合成のみ	糖とリン酸
⑥	合　成	合成のみ	リン酸どうし
⑦	合　成	合成と分解	糖とリン酸
⑧	合　成	合成と分解	リン酸どうし

B　生物の成長は，細胞が分裂して増えたり，各細胞が成長して大きくなったりすることで起こる。また，生殖は，細胞分裂によって新しい個体のからだが形成されたり，特別な細胞分裂で生じた細胞(配偶子)が合体して，新しい個体のからだが形成されたりすることによって起こる。細胞分裂のうち，(c)体細胞分裂では，DNA が複製された後，娘細胞に同量ずつ分配される。(d)DNA は，その構成単位となるヌクレオチドが連結した２本の鎖が，互いに結合してできている。(e)複製後の２分子の DNA には，細胞内で合成された新しいヌクレオチドだけでなく，母細胞の DNA を構成していた古いヌクレオチドも全て含まれる。

問３　下線部(c)に関連して，ある植物の分裂組織を観察したところ，480 個の細胞を観察することができた。そのうちの 20 個が分裂期の細胞であり，分裂期に要する時間は 30 分であった。そこで，観察した全ての細胞が非同調的に体細胞分裂を繰り返していると仮定して，細胞周期を推測した。この値を推測値とする。しかし，実際の観察した細胞のなかには，細胞周期から外れ，体細胞分裂やその準備を行っていない細胞が含まれていた。このとき，観察した分裂組織の細胞の細胞周期の推測値と，実際の細胞周期の違いに関する記述として最も適当なものを，次の①～④のうちから一つ選べ。 103

①　細胞周期の推測値は 11.5 時間であり，実際の細胞周期は推測値より短い。
②　細胞周期の推測値は 11.5 時間であり，実際の細胞周期は推測値より長い。
③　細胞周期の推測値は 12 時間であり，実際の細胞周期は推測値より短い。
④　細胞周期の推測値は 12 時間であり，実際の細胞周期は推測値より長い。

問4　下線部(d)に関連して，あるDNA断片の2本のヌクレオチド鎖をX鎖，Y鎖とする。この2本のヌクレオチド鎖の塩基に占めるA(アデニン)の割合が20%であり，X鎖の塩基に占めるG(グアニン)の割合が21%であった場合，Y鎖の塩基に占めるGの割合として最も適当なものを，次の①～⑥のうちから一つ選べ。 104 %

① 19　　② 20　　③ 21

④ 39　　⑤ 40　　⑥ 41

問5　下線部(e)に関連して，DNA の複製様式については，かつては図 1 のⓐ～ⓒの様式が考えられていた。

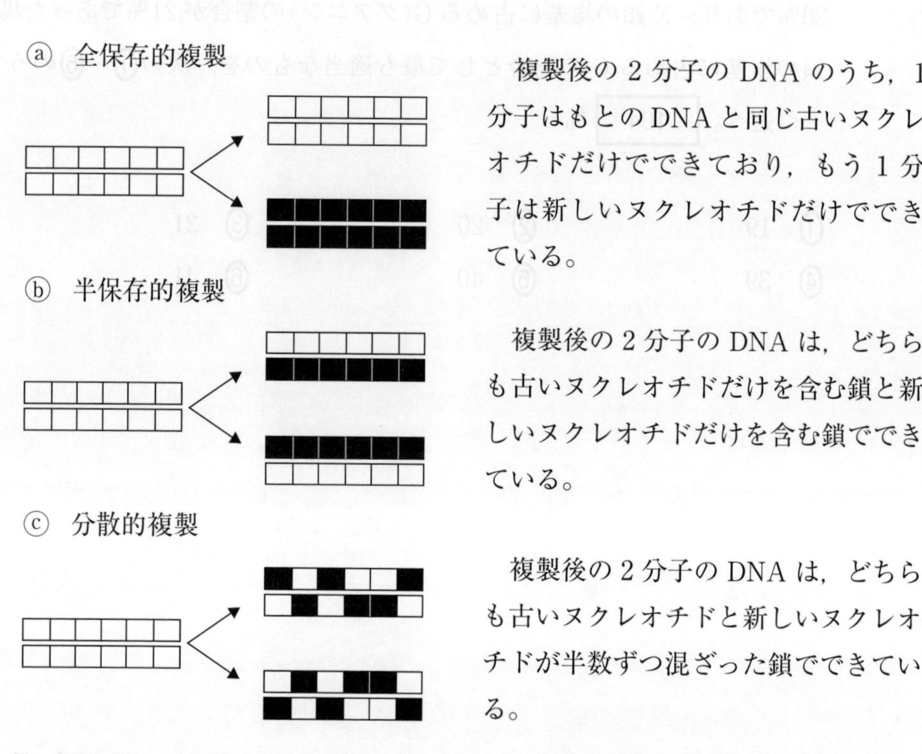

ⓐ　全保存的複製
複製後の 2 分子の DNA のうち，1 分子はもとのDNAと同じ古いヌクレオチドだけでできており，もう 1 分子は新しいヌクレオチドだけでできている。
ⓑ　半保存的複製
複製後の 2 分子の DNA は，どちらも古いヌクレオチドだけを含む鎖と新しいヌクレオチドだけを含む鎖でできている。
ⓒ　分散的複製
複製後の 2 分子の DNA は，どちらも古いヌクレオチドと新しいヌクレオチドが半数ずつ混ざった鎖でできている。

注：□はもとの DNA に含まれる古いヌクレオチド，■は複製の際に用いられる新しいヌクレオチドを示す。

図　1

ある方法を用い，もとの DNA に含まれる古いヌクレオチドだけを全て通常よりも重くすることに成功した。その後，新しい通常の重さのヌクレオチドだけを与えて，1 回の複製を進行させたところ，複製後の 2 分子の DNA はどちらも，重いヌクレオチドのみで構成された DNA と，通常の重さの DNA の，ちょうど中間の重さであった。この結果のみから考えた場合，図 1 に示したⓐ～ⓒのうち，否定されない複製様式として適当なものはどれか。それを過不足なく含むものを，次の①～⑦のうちから一つ選べ。 105

① ⓐ　② ⓑ　③ ⓒ　④ ⓐ，ⓑ
⑤ ⓐ，ⓒ　⑥ ⓑ，ⓒ　⑦ ⓐ，ⓑ，ⓒ

第２問　次の文章(A・B)を読み，後の問い(問１～６)に答えよ。(配点　18)

A　ヒトの腎臓にはその機能の単位であるネフロン(腎単位)があり，(a)血液中の成分から尿を生成し，体液中の(b)塩類濃度や水分量を調節している。ネフロンは腎小体と細尿管(腎細管)からなり，腎小体は糸球体とボーマンのうで構成されている。血液中の成分は，血圧によって糸球体からボーマンのうへと押し出され，原尿が生じる。原尿は細尿管から集合管へと流れていくが，この過程で周囲の毛細血管へ原尿中の成分が再吸収される。再吸収されなかった成分は集合管から腎うに流入し，腎臓を出てぼうこうへと運ばれ，尿として排出される。細尿管での無機塩類の再吸収や，集合管での水分の再吸収は，ホルモンによって調節されている。体液中の塩類濃度が上昇すると，間脳の視床下部がこれを感知し，脳下垂体からバソプレシンが分泌される。ヒトでは，通常よりも尿量が多くなる場合があり，これを多尿という。多尿の症状を呈する代表的な疾患に尿崩症(にょうほうしょう)がある。(c)尿崩症の患者は，何らかの要因で集合管における水の再吸収がうまく行えなくなっている。

問１　下線部(a)について，健康なヒトにおける尿の生成に関する記述として誤っているものを，次の①～⑤のうちから一つ選べ。ただし，物質の尿中の濃度を，血しょう中の濃度で割った値を濃縮率という。 **106**

① 血しょう中のアルブミンは腎小体においてろ過されないので，尿中には含まれていない。

② 血しょう中の尿素は腎小体でろ過された後，細尿管や集合管で再吸収されるが，その再吸収率は水の再吸収率よりも低い。

③ 血しょう中のグルコースは腎小体においてろ過されるが，細尿管で全て再吸収されるので，尿中には含まれていない。

④ ホルモンや自律神経の作用によって，尿中に含まれる物質の濃縮率は常に一定に保たれており，変動することはない。

⑤ 腎小体においてろ過された後，全く再吸収されない物質の濃縮率は，原尿の体積を尿の体積で割った値と等しくなる。

問2　下線部(b)に関連して，無脊椎動物のカニのなかまにも，体液中の塩類濃度や水分量を調節できるものが存在する。河口に生息するカニに関する次の文章中の ア ～ ウ に入る語句の組合せとして最も適当なものを，後の①～⑧のうちから一つ選べ。 107

日本各地の河口に生息するミドリガニを海水中で飼育すると，体液中の塩類濃度は海水とほぼ等しくなる。このときミドリガニは，飼育水との間で積極的な水・無機塩類の取り込みや排出を ア と考えられる。一方，海水に水を加え，塩類濃度を半分ほどに低下させた飼育水のなかでは，体液中の塩類濃度は低下するが，飼育水よりも高い状態となる。このときミドリガニは，飼育水との間で積極的に水の イ と塩類の ウ を行っていると考えられる。

	ア	イ	ウ
①	行っていない	取り込み	取り込み
②	行っていない	取り込み	排　出
③	行っていない	排　出	取り込み
④	行っていない	排　出	排　出
⑤	行っている	取り込み	取り込み
⑥	行っている	取り込み	排　出
⑦	行っている	排　出	取り込み
⑧	行っている	排　出	排　出

問3　下線部(c)に関連して，ある処置によってヒトの尿崩症と同様に多尿の症状を呈するようになったマウスＰとマウスＱがいる。これらのマウスと健康なマウスに高濃度の食塩水を点滴して血液中の塩類濃度を上昇させたところ，図1のように血液中のバソプレシン濃度が変化した。マウスＰに施された処置と，マウスＱに施された処置の組合せとして最も適当なものを，後の①～⑥のうちから一つ選べ。 108

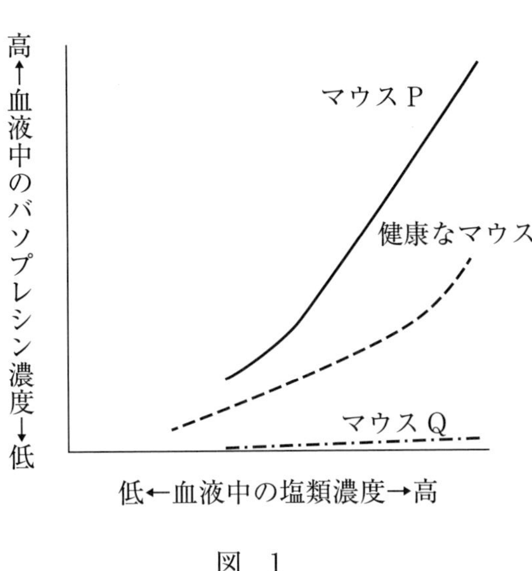

図　1

	マウスＰ	マウスＱ
①	バソプレシン受容体の機能阻害	視床下部と脳下垂体の間の血管の切除
②	バソプレシン受容体の機能阻害	視床下部の神経分泌細胞の破壊
③	視床下部と脳下垂体の間の血管の切除	バソプレシン受容体の機能阻害
④	視床下部と脳下垂体の間の血管の切除	視床下部の神経分泌細胞の破壊
⑤	視床下部の神経分泌細胞の破壊	バソプレシン受容体の機能阻害
⑥	視床下部の神経分泌細胞の破壊	視床下部と脳下垂体の間の血管の切除

B　インフルエンザの予防接種を受けたヒバリさんとユイカさんは，予防接種について調べることにした。

ヒバリ：さっき接種してもらったものには，4種類のウイルスのワクチンが含まれているそうだね。

ユイカ：うん。調べてみたら，A型の亜型について2種類，B型の亜型についても2種類のワクチンが含まれていて，合計4種類らしいよ。

ヒバリ：インフルエンザウイルスにはA型やB型があって，さらに同じA型どうしやB型どうしでも種類があるんだね。

ユイカ：あ！このホームページには，ワクチンの成分や，インフルエンザウイルスの亜型について書かれているよ。

ヒバリ：本当だ。インフルエンザのワクチンの成分は(d)増殖させたウイルスから抽出したタンパク質のようだね。そして，A型のほうが亜型は多いらしい。1つのウイルスは16種類のHタンパク質と9種類のNタンパク質のうち1種類ずつを持っていて，その組合せで亜型が決まるんだって。

ユイカ：ということは，そのA型インフルエンザウイルスの亜型のうちの1つがこの冬に流行するとして，私たちが接種したワクチンが流行している亜型と一致する確率は［エ］ということになるのかな。

ヒバリ：Hタンパク質とNタンパク質のどちらも種類によらず出現確率が等しいと考えればそうなるね。でも，ワクチンを製造するときは，南半球での流行状況から，次のシーズンに北半球で流行する亜型を予想して製造するそうだから，それよりは［オ］確率になると思うよ。

ユイカ：「同じ亜型のなかにもさらに細かな変異株がある」だって。変異株って，新型コロナウイルスでもよく問題になるよね。

ヒバリ：もし新たな変異株が現れれば，ワクチンが効果を発揮できる確率は［カ］なるだろうね。

ユイカ：あれ？このホームページには，ワクチン接種でまれに(e)アレルギーの症状が現れるって書かれているね。

ヒバリ：ワクチンは鶏卵を利用して製造されるそうだから，そのことと関係があるのかも知れないね。

問4　上の会話文中の［エ］～［カ］に入る数値や語句の組合せとして最も適当なものを，次の①～⑧のうちから一つ選べ。［109］

	エ	オ	カ
①	$\frac{2}{25}$	高　い	高　く
②	$\frac{2}{25}$	高　い	低　く
③	$\frac{2}{25}$	低　い	高　く
④	$\frac{2}{25}$	低　い	低　く
⑤	$\frac{1}{72}$	高　い	高　く
⑥	$\frac{1}{72}$	高　い	低　く
⑦	$\frac{1}{72}$	低　い	高　く
⑧	$\frac{1}{72}$	低　い	低　く

問5　下線部(d)に関連して，ウイルスのタンパク質を用いたワクチンについて述べた次の文章中の［キ］～［ケ］に入る語句の組合せとして最も適当なものを，後の①～⑧のうちから一つ選べ。［110］

ワクチンに用いられるウイルスのタンパク質は断片化されており，接種後にヒトの細胞内に侵入することはない。このため，体内のワクチン成分に対して，［キ］は反応するが，［ク］は反応しにくい。そのため，［キ］の一部が記憶細胞になるのに対して，［ク］は記憶細胞になりにくいということになり，二次応答の際，［ケ］の効果が十分に発揮されない可能性がある。

	キ	ク	ケ
①	NK 細胞	キラー T 細胞	細胞性免疫
②	NK 細胞	キラー T 細胞	体液性免疫
③	NK 細胞	樹状細胞	細胞性免疫
④	NK 細胞	樹状細胞	体液性免疫
⑤	B 細胞	キラー T 細胞	細胞性免疫
⑥	B 細胞	キラー T 細胞	体液性免疫
⑦	B 細胞	樹状細胞	細胞性免疫
⑧	B 細胞	樹状細胞	体液性免疫

問6　下線部(e)に関連して，花粉症もアレルギーの一種である。次のⓐ～ⓒのような処置が可能であるとした場合，花粉症の症状を抑制するのに効果的な処置として適当なものはどれか。それを過不足なく含むものを，後の①～⑦のうちから一つ選べ。 111

ⓐ　花粉の成分が好中球に取り込まれないようにする。

ⓑ　花粉の成分が樹状細胞に取り込まれないようにする。

ⓒ　花粉の成分と特異的に反応するヘルパー T 細胞の活性化を促進する。

①　ⓐ　②　ⓑ　③　ⓒ　④　ⓐ，ⓑ

⑤　ⓐ，ⓒ　⑥　ⓑ，ⓒ　⑦　ⓐ，ⓑ，ⓒ

第3問　次の文章(A・B)を読み，後の問い(問1〜6)に答えよ。(配点　17)

A　海岸の岩場には，岩の表面に固着して生活する生物や，岩の表面を動き回って生活する生物が存在する。図1はそのような生物の集団の例であり，矢印は被食者から捕食者へとつながっている。これらの生物のうち，紅藻は光合成を行う固着生物，フジツボ，イガイ，カメノテは水中のプランクトンを摂食する固着生物であり，ヒザラガイ，カサガイ，イボニシ，ヒトデは岩の表面を動き回って生活する生物である。フジツボ，イガイ，カメノテは多様なプランクトンを摂食するが，ここでは植物プランクトンのみを摂食しているものとする。

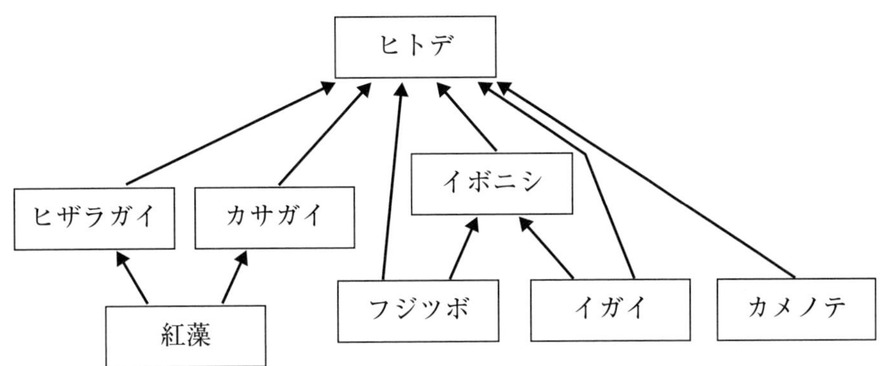

図　1

問1　図1において，紅藻，イボニシ，カメノテがそれぞれ属する栄養段階の組合せとして最も適当なものを，次の①～⑧のうちから一つ選べ。 112

	紅　藻	イボニシ	カメノテ
①	生産者	一次消費者	一次消費者
②	生産者	一次消費者	二次消費者
③	生産者	二次消費者	一次消費者
④	生産者	二次消費者	二次消費者
⑤	一次消費者	二次消費者	一次消費者
⑥	一次消費者	二次消費者	二次消費者
⑦	一次消費者	三次消費者	一次消費者
⑧	一次消費者	三次消費者	二次消費者

問２　図１の生物の集団から数か月間にわたってヒトデを人為的に除去し続けたところ，岩の表面がイガイに覆いつくされるようになり，他の生物はほとんどいなくなってしまった。このことに関する次の文章中の［ア］～［オ］に入る語句の組合せとして最も適当なものを，後の①～⑧のうちから一つ選べ。［113］

ヒトデを除去すると，イガイの増殖速度が大きくなり，他の生物の生息を不可能にしてしまった。ヒザラガイとカサガイについては，ヒトデによる捕食が減ったという正の影響と，イガイの増殖による［ア］の減少などの負の影響を受けている。イボニシについてはイガイの増殖によって［イ］の増加という［ウ］の影響を受けているが，［ア］の減少による［エ］の影響の方が大きかったと考えられる。この生物の集団ではヒトデがイガイを多く捕食していたためにたくさんの種が共存できていたと考えられ，この場合の［オ］のような，生態系のバランスを保つのに重要な種をキーストーン種という。

	ア	イ	ウ	エ	オ
①	食　物	生活場所	正	負	ヒトデ
②	食　物	生活場所	正	負	イガイ
③	食　物	生活場所	負	正	ヒトデ
④	食　物	生活場所	負	正	イガイ
⑤	生活場所	食　物	正	負	ヒトデ
⑥	生活場所	食　物	正	負	イガイ
⑦	生活場所	食　物	負	正	ヒトデ
⑧	生活場所	食　物	負	正	イガイ

問３　図１の生物の集団が生息している海岸において，海水中にごく低濃度のDDTが含まれていた。このDDTは過去に付近の農地で殺虫剤として使用されたものである。このとき，紅藻，カサガイ，ヒトデの体内のDDT濃度についての記述として最も適当なものを，次の①～⑥のうちから一つ選べ。

114

① DDTの濃度は海水中の濃度＞ヒトデ＞カサガイ＞紅藻の順に低くなると考えられる。これは自然浄化と呼ばれる現象である。

② DDTの濃度は紅藻＜カサガイ＜ヒトデ＜海水中の濃度の順に高くなると考えられる。これは生物濃縮と呼ばれる現象である。

③ DDTの濃度は海水中の濃度＞紅藻＞カサガイ＞ヒトデの順に低くなると考えられる。これは自然浄化と呼ばれる現象である。

④ DDTの濃度はヒトデ＜カサガイ＜紅藻＜海水中の濃度の順に高くなると考えられる。これは生物濃縮と呼ばれる現象である。

⑤ DDTの濃度はヒトデ＞カサガイ＞紅藻＞海水中の濃度の順に低くなると考えられる。これは自然浄化と呼ばれる現象である。

⑥ DDTの濃度は海水中の濃度＜紅藻＜カサガイ＜ヒトデの順に高くなると考えられる。これは生物濃縮と呼ばれる現象である。

B　植生とはある場所に生息する植物の集団のことであり，植生全体の外観を相観という。植生は相観に基づいて荒原・草原・森林の3つに大別される。ある地域で見られる植生と，そこに生息する動物などを含めた生物の集まりは(a)バイオーム(生物群系)と呼ばれる。火山の噴火や大規模な土砂崩れなどによって植生が失われた場所では，時間の経過とともに少しずつ植物が侵入して植生が回復していく様子が見られる。その過程は遷移と呼ばれ，(b)火山の噴火後1000年以上の年月をかけて遷移が進行し極相に達する。

問4　下線部(a)について，様々なバイオームに関する記述として最も適当なものを，次の①～⑥のうちから一つ選べ。 115

① 森林のバイオームは，年平均気温が0℃程度の亜寒帯には全く分布していない。

② 日本国内の標高700m以下の地域では，人間による開発がなければ多くの場所で森林のバイオームが成立しうると考えられる。

③ 草原のバイオームは，年平均気温が15℃以下の温帯には分布していない。

④ 草原のバイオームでは，優占種は草本なので，樹木は全く見られない。

⑤ 荒原のバイオームは，年降水量に関係なく，30℃以上や，−5℃以下の極端な年平均気温の地域に分布している。

⑥ 荒原のバイオームでは，植物は全く見られない。

問５　下線部(b)に関連して，遷移が進行すると，生物による環境形成作用で非生物的環境に変化が生じる。一般に，遷移の進行にともなって，地表付近の明るさ，地表付近の湿度，昼夜の気温の変動幅はどのように変化するか。その組合せとして最も適当なものを，次の①～⑧のうちから一つ選べ。 116

	地表付近の明るさ	地表付近の湿度	昼夜の気温の変動幅
①	明るくなる	高くなる	大きくなる
②	明るくなる	高くなる	小さくなる
③	明るくなる	低くなる	大きくなる
④	明るくなる	低くなる	小さくなる
⑤	暗くなる	高くなる	大きくなる
⑥	暗くなる	高くなる	小さくなる
⑦	暗くなる	低くなる	大きくなる
⑧	暗くなる	低くなる	小さくなる

問6　ある日本の本州中部の平野部で，火山の噴火から200年近くが経過した森林10000 m^2 中に生育する2種の樹木，P種とQ種の地上1 mの高さにおける幹の直径と個体数を調査し，結果を図2に示した。P種とQ種の組合せとして最も適当なものを，後の①〜⑥のうちから一つ選べ。なお，P種とQ種はいずれも樹高が最大で15 mを超える高木である。 117

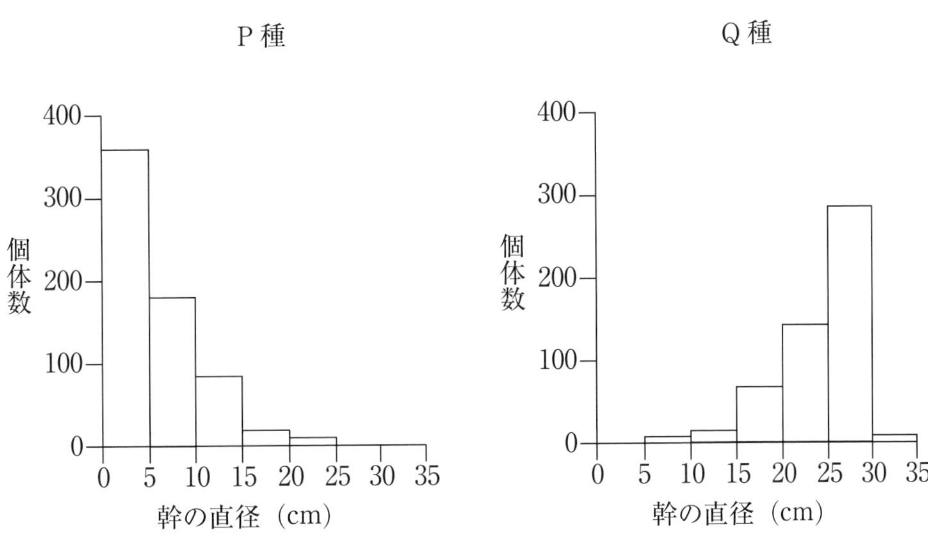

図　2

	P　種	Q　種
①	タブノキ	アカマツ
②	タブノキ	オオバヤシャブシ
③	アカマツ	タブノキ
④	アカマツ	オオバヤシャブシ
⑤	オオバヤシャブシ	タブノキ
⑥	オオバヤシャブシ	アカマツ

第　4　回

時間　目安30分（2科目選択で計60分）　　　　　　50点　満点

1 ══ 解答にあたっては，実際に試験を受けるつもりで，時間を厳守し真剣に取りくむこと。

2 ══ 巻末のマークシートⒶを切り離しのうえ練習用として利用すること。

3 ══ 解答終了後には，自己採点により学力チェックを行い，別冊の解答・解説をじっくり読んで，弱点補強，知識や考え方の整理などに努めること。

生　物　基　礎

（解答番号 101 ～ 117）

第１問 次の文章（**A**・**B**）を読み，下の問い（**問１～５**）に答えよ。（配点　17）

A　アヤナとユウキは，次の物質を入れた試験管Ⅰ～Ⅲを用意し，３％過酸化水素水を入れて酵素カタラーゼのはたらきを観察した。

試験管Ⅰ：石英砂

試験管Ⅱ：酸化マンガン(Ⅳ)

試験管Ⅲ：ブタの肝臓片

アヤナ：試験管Ⅰ以外は，気泡が発生したね。

ユウキ：酸化マンガン(Ⅳ)と，肝臓片に含まれている酵素カタラーゼは，過酸化水素水を水と酸素に分解する反応を触媒しているんだって。

アヤナ：それじゃあ，この気泡は酸素なのね。火の付いた線香を入れたら確かめられるはずだよ。

ユウキ：あ，気泡が出てこなくなった。線香を入れる前に，(a)どうして気泡が出てこなくなったか調べてみようよ。

問1　酵素の性質についての記述として最も適当なものを，次の①～⑤のうちから一つ選べ。 101

① 反応が終わったらすぐに分解される。
② １種類の酵素が複数の異なる反応を促進する。
③ 主成分は炭水化物である。
④ 反応の前後で，酵素の構造自体は変化しない。
⑤ 酵素は細胞内でしか機能しない。

問2　試験管Ⅰを用意した目的として最も適当なものを，次の①～④のうちから一つ選べ。 102

① 石英砂のはたらきを調べるため。
② 触媒が存在しないときは，気泡が発生しないことを示すため。
③ 石英砂が過酸化酸素水の分解を抑制しており，実験が失敗した時にすぐに過酸化水素水を使用できるようにするため。
④ 石英砂に二酸化炭素を吸収させるため。

問3　下線部(a)について，気泡の発生が止まった試験管Ⅲを２本用意し，一方には肝臓片を，もう一方には過酸化水素水を追加した。気泡の発生の有無についての組合せとして最も適当なものを，次の①～④のうちから一つ選べ。 103

	肝臓片	過酸化水素水
①	発生した	発生した
②	発生した	発生しなかった
③	発生しなかった	発生した
④	発生しなかった	発生しなかった

B　細胞分裂が終了してから，次の細胞分裂が終了するまでの過程を細胞周期という。体細胞分裂では，間期に$_{(b)}$<u>複製</u>された核DNAは，分裂期(M期)に娘細胞へと均等に分配される。次の図1は，細胞周期における細胞あたりのDNA量の変化を表したものである。下の図2は，活発に体細胞分裂を行っているタマネギの根端分裂組織において，細胞あたりのDNA量を測定した結果を表したものである。

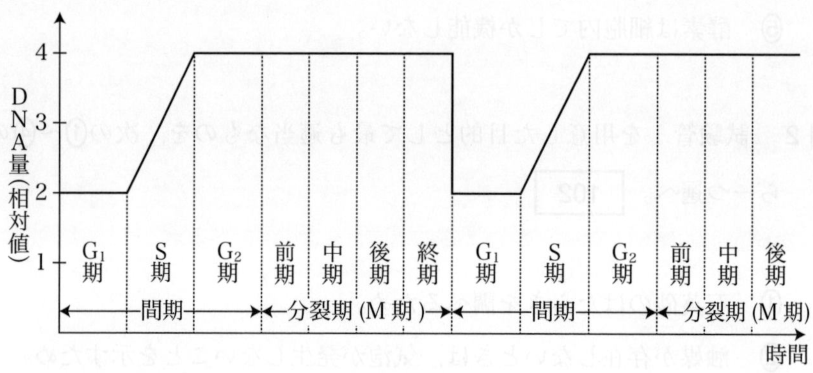

図　1

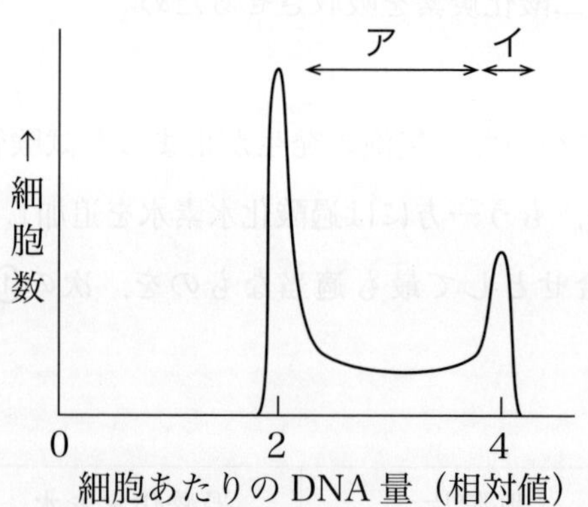

図　2

問4　下線部(b)について，ヒトの体細胞にはゲノムが2組あり，ゲノムDNAの塩基対数は約30億塩基対である。ヒトの体細胞のDNAを複製するのにおよそ10時間かかるとき，1分間あたりに複製される塩基数として最も適当なものを，次の①～⑥のうちから一つ選べ。 **104** 塩基

① 8×10^4　② 1.7×10^5　③ 3.3×10^5　④ 5×10^6
⑤ 1×10^7　⑥ 2×10^7

問5　図2中の，**ア**および**イ**の細胞は，細胞周期のどの期間にあてはまるか。図1を参考にして，次のⓐ～ⓓのうちから過不足なく選んだものを，下の①～⑧のうちからそれぞれ一つずつ選べ。

ア **105** ・**イ** **106**

ⓐ　G_1期(DNA合成準備期)
ⓑ　S期(DNA合成期)
ⓒ　G_2期(分裂準備期)
ⓓ　M期

① ⓐ　② ⓑ　③ ⓒ　④ ⓓ
⑤ ⓐ，ⓑ　⑥ ⓐ，ⓓ　⑦ ⓑ，ⓒ　⑧ ⓒ，ⓓ

第２問　次の文章(A・B)を読み，下の問い(問１～５)に答えよ。(配点　18)

A　腎臓は腹腔の背側に左右１対存在する臓器で，血中の水分量やイオン濃度を調節する役割をもつ。腎臓に流入した血液は［ア］でろ過され，［イ］に入り原尿となる。［ア］と［イ］をまとめて［ウ］という。［エ］を通過するときに必要な物質は再吸収され，再吸収されなかった(a)老廃物が尿として排出される。次の図１は腎臓におけるろ過と再吸収の過程を模式的に表したものである。また下の表１は，健康なヒトの血しょう，原尿および尿に含まれるカリウムイオン(K^+)とイヌリンの濃度(重量パーセント)を示したものである。なお，イヌリンはヒトの体内に含まれない物質で，濃縮率を調べるために静脈中に注射したものである。

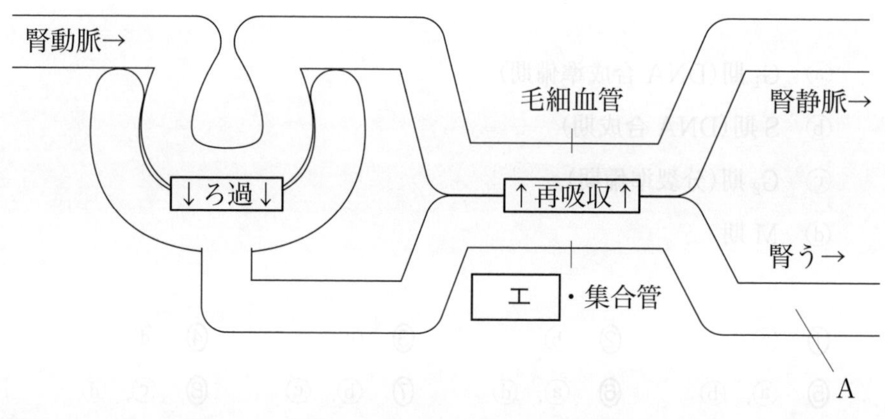

図　1

表　1

成分	血しょう(%)	原尿(%)	尿(%)
K^+	0.02	0.02	0.15
イヌリン	0.1	0.1	12

問 1　上の文章中の ア ～ エ に入る語の組合せとして最も適当なものを，次の①～⑧のうちから一つ選べ。 107

	ア	イ	ウ	エ
①	糸球体	ボーマンのう	腎小体	細尿管
②	糸球体	ボーマンのう	腎小体	輸尿管
③	糸球体	ボーマンのう	ネフロン	細尿管
④	糸球体	ボーマンのう	ネフロン	輸尿管
⑤	ボーマンのう	糸球体	腎小体	細尿管
⑥	ボーマンのう	糸球体	腎小体	輸尿管
⑦	ボーマンのう	糸球体	ネフロン	細尿管
⑧	ボーマンのう	糸球体	ネフロン	輸尿管

問 2　下線部(a)について，次の物質ⓐ～ⓒのうち，健康なヒトにおいて，図1中のAを流れる体液中に含まれる物質の組合せとして最も適当なものを，下の①～⑦のうちから一つ選べ。 108

ⓐ　グルコース　　ⓑ　タンパク質　　ⓒ　尿素

① ⓐ　② ⓑ　③ ⓒ　④ ⓐ，ⓑ
⑤ ⓐ，ⓒ　⑥ ⓑ，ⓒ　⑦ ⓐ，ⓑ，ⓒ

問 3　表 1 について，1 分間あたり尿が 1 mL 形成されるとき，1 時間で再吸収されるカリウムイオンの量(g)として最も適当なものを，次の①～⑤のうちから一つ選べ。なお，血しょう，原尿，尿の密度は 1 g/mL とする。

109 g

① 0.02　② 1.35　③ 15.6　④ 2.25　⑤ 135

B　トウヤとユキトは，臓器移植について話し合った。

トウヤ：最近，車の免許をとったんだけど，免許証の裏に臓器提供の意思表示欄があったんだ。

ユキト：へぇ，見せて。…臓器ごとに提供するかしないか選べるんだ。知らなかったなぁ。

トウヤ：自分が病気だったりするとあげることはできないからね。

ユキト：そういえば，そうだね。でも，確か臓器移植を行うと(b)拒絶反応が起きるんだよね。

トウヤ：細胞膜上にあるMHC(主要組織適合遺伝子複合体)タンパク質が個人個人で異なっていて，患者のMHCタンパク質と違うMHCタンパク質をもつ臓器を移植してしまうと異物と認識されてしまうんだ。特に，(c)細胞性免疫のはたらきによるみたいだね。

ユキト：再生医療で，臓器を再生する研究も進んでいるけれども，まだ実現には少し時間がかかりそうだね。いつ，臓器提供をする側，臓器提供を受ける側になっても大丈夫なように，しっかりと考えておかないとね。

問4　下線部(b)について，異なるMHCタンパク質をもつA系統マウス，B系統マウスおよびC系統マウスを用いて，次の**実験1～5**を行った。各実験で用いたマウスはそれぞれ別の個体である。**実験4・実験5**の結果として最も適当なものを，下の①～④のうちからそれぞれ一つずつ選べ。ただし，同じものを繰り返し選んでもよい。

実験4 [110]・**実験5** [111]

実験1　A系統マウスの皮膚片とB系統マウスの皮膚片を交換移植したところ，どちらの移植片も約10日で脱落した。

実験2　A系統マウスの皮膚片とC系統マウスの皮膚片を交換移植したところ，A系統マウスでは移植片が約10日で脱落したが，C系統マウスでは移植片は脱落せず，生着した。

実験3　B系統マウスの皮膚片とC系統マウスの皮膚片を交換移植したところ，B系統マウスでは移植片が約10日で脱落したが，C系統マウスでは移植片は脱落せず，生着した。

実験4　A系統マウスとB系統マウスの交配によりF_1マウスを得た。このF_1マウスはA系統のMHCタンパク質とB系統のMHCタンパク質を発現していた。このF_1マウスにA系統マウスの皮膚片を移植した。

実験5　B系統マウスの血清を静脈に注射しておいたC系統マウスに，A系統マウスの皮膚片を移植した。

①　生着した　　②　約10日で脱落した

③　約5日で脱落した　　④　この実験からではわからない

問 5　下線部(c)に関連して，次の文章中の **オ** ～ **キ** に入る語の組合せとして最も適当なものを，下の①～⑥のうちから一つ選べ。 **112**

免疫には自然免疫と適応免疫(獲得免疫)があり，適応免疫はさらに体液性免疫と細胞性免疫に分けられる。体液性免疫では，樹状細胞から抗原提示を受けた **オ** が **カ** を活性化し， **カ** は抗体産生細胞(形質細胞)に分化して抗体を産生する。抗体は異物と特異的に結合し，抗原抗体反応により異物を排除する。細胞性免疫では樹状細胞から抗原提示を受けた **キ** が活性化し，感染細胞やがん細胞を直接攻撃して排除する。

	オ	カ	キ
①	キラーT細胞	ヘルパーT細胞	B細胞
②	キラーT細胞	B細胞	ヘルパーT細胞
③	ヘルパーT細胞	キラーT細胞	B細胞
④	ヘルパーT細胞	B細胞	キラーT細胞
⑤	B細胞	ヘルパーT細胞	キラーT細胞
⑥	B細胞	キラーT細胞	ヘルパーT細胞

第3問　次の文章(A・B)を読み，下の問い(問1～5)に答えよ。(配点　15)

A　生物は，多様な環境に適応して特徴ある集団を形成する。このような生物集団をバイオームという。バイオームは生産者である植物に依存して成立するため，陸上のバイオームは植生の相観によって区別される。

(a)バイオームは，年平均気温と年降水量によって決まる。日本は降水量が十分なため，極相のバイオームは森林となり，気温に応じて南北方向にバイオームの水平分布が見られる。沖縄から九州南端には［ア］，九州から関東までの低地には［イ］，東北地方から北海道南部には［ウ］が分布している。

問1　上の文章中の［ア］～［ウ］に入る語の組合せとして最も適当なものを，次の①～⑥のうちから一つ選べ。［113］

	ア	イ	ウ
①	照葉樹林	夏緑樹林	針葉樹林
②	照葉樹林	針葉樹林	夏緑樹林
③	亜熱帯多雨林	照葉樹林	夏緑樹林
④	亜熱帯多雨林	夏緑樹林	針葉樹林
⑤	熱帯多雨林	亜熱帯多雨林	夏緑樹林
⑥	熱帯多雨林	照葉樹林	針葉樹林

問 2　下線部(a)について，年平均気温が十分高い熱帯地域において，次のⓐ～ⓘのバイオームを年降水量が少ない方から順に並べたものとして最も適当なものを，下の①～⑥のうちから一つ選べ。 114

ⓐ　熱帯多雨林　　ⓑ　照葉樹林　　ⓒ　夏緑樹林
ⓓ　針葉樹林　　ⓔ　雨緑樹林　　ⓕ　ステップ
ⓖ　サバンナ　　ⓗ　ツンドラ　　ⓘ　砂漠

①　ⓐ→ⓑ→ⓒ→ⓓ→ⓗ　　②　ⓗ→ⓓ→ⓒ→ⓑ→ⓐ
③　ⓐ→ⓔ→ⓕ→ⓘ　　④　ⓘ→ⓕ→ⓔ→ⓐ
⑤　ⓐ→ⓔ→ⓖ→ⓘ　　⑥　ⓘ→ⓖ→ⓔ→ⓐ

問 3　他のバイオームと比較したとき，ツンドラの土壌に見られる特徴についての説明として最も適当なものを，次の①～④のうちから一つ選べ。 115

①　栄養塩類を吸収する植物が少ないため，土壌中に栄養塩類が多量に蓄積している。
②　有機物を吸収する植物が少ないため，土壌中に有機物が多量に蓄積している。
③　植物を摂食する両生類や爬虫類，小型の哺乳動物が多く生息するため，土壌中に有機物がほとんど存在しない。
④　有機物を分解する細菌類や菌類のはたらきが弱く，土壌中の栄養塩類が少ない。

B　生態系は，生物集団とそれを取りまく非生物的環境が互いに影響を及ぼしあって成り立っており，生物が非生物的環境に影響を与えることを［エ］，非生物的環境が生物に影響を与えることを［オ］という。生態系を構成する種や個体数は変動が見られるものの，一定の範囲内でおさまり，バランスが保たれている。しかし，近年の人間活動は生態系へ，その復元力を超える攪乱(かく)を引き起こし，様々な環境問題を生じさせている。例えば，化石燃料の大量消費による大気中の二酸化炭素濃度の上昇が引き起こす地球温暖化，(b)湖沼や河川の水質汚染，外来生物の侵入などがあげられる。人間活動が生態系に与える影響は大きく，生態系のバランスがくずれることで絶滅の危機に瀕している生物種も多数存在する。絶滅のおそれがある生物を，その危険度を判定して分類し，分布や生息状況などを詳細にまとめたものを［カ］という。

問4　上の文章中の［エ］～［カ］に入る語の組合せとして最も適当なものを，次の①～⑥のうちから一つ選べ。［116］

	エ	オ	カ
①	作用	環境形成作用	レッドリスト
②	作用	環境形成作用	レッドデータブック
③	作用	環境形成作用	生態系サービス
④	環境形成作用	作用	レッドリスト
⑤	環境形成作用	作用	レッドデータブック
⑥	環境形成作用	作用	生態系サービス

問5 下線部(b)について，河川に流入した有機物は，微生物のはたらきや泥などへの吸着により次第に減少していく。いま，有機物が多く含まれる生活排水が流入するある河川において，流入地点より下流の水中に含まれる物質の濃度変化を調べたところ，次の図1の結果が得られた。A～Cにあてはまる物質の組合せとして最も適当なものを，下の①～⑥のうちから一つ選べ。 117

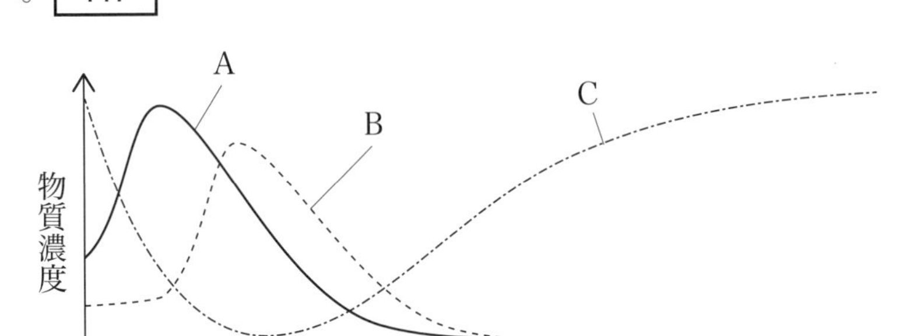

図 1

	物質A	物質B	物質C
①	NO_3^-	NH_4^+	BOD
②	NO_3^-	溶存酸素	NH_4^+
③	溶存酸素	BOD	NH_4^+
④	溶存酸素	NH_4^+	BOD
⑤	NH_4^+	NO_3^-	溶存酸素
⑥	BOD	溶存酸素	NO_3^-

大学入学共通テスト本試験

(2024年1月14日実施)

時間　目安30分(2科目選択で計60分)　　　　50点　満点

1 ══ 解答にあたっては，実際に試験を受けるつもりで，時間を厳守し真剣に取りくむこと。

2 ══ 巻末のマークシートⒷを切り離しのうえ練習用として利用すること。

3 ══ 解答終了後には，自己採点により学力チェックを行い，別冊の解答・解説をじっくり読んで，弱点補強，知識や考え方の整理などに努めること。

※ 2024 共通テスト本試験問題を編集部にて一部修正して作成しています。

生　物　基　礎

（解答番号 1 ～ 16 ）

第1問　細胞と遺伝子の働きに関する次の文章（**A・B**）を読み，後の問い（**問1～5**）に答えよ。（配点　17）

A　全ての生物は，(a)細胞を基本単位として活動している。細胞は生物固有の全遺伝情報である(b)ゲノムを持ち，ゲノムに存在する(c)遺伝子が発現することで，細胞の働きが維持されている。遺伝子の本体は，(d)肺炎を引き起こす肺炎双球菌（肺炎球菌）を用いた実験により明らかになった。

問1　下線部(a)について，原核細胞と真核細胞に共通する特徴として**適当でないもの**を，次の①～⑤のうちから一つ選べ。 1

① 細胞内での化学エネルギーの受け渡しにATPを利用する。

② 細胞内で酵素反応が行われている。

③ 異化の仕組みを持つ。

④ 物質は細胞膜を介して出入りする。

⑤ ミトコンドリアや葉緑体を持つ。

問 2 下線部(b), (c)に関連して，ゲノムや遺伝子に関する記述として最も適当なものを，次の①〜⑤のうちから一つ選べ。 2

① ゲノムの DNA に含まれる，アデニンの数とグアニンの数は等しい。

② ゲノムの DNA には，RNA に転写されず，タンパク質に翻訳もされない領域が存在する。

③ 同一個体における皮膚の細胞とすい臓の細胞とでは，中に含まれるゲノムの情報が異なる。

④ 単細胞生物が分裂により 2 個体になったとき，それぞれの個体に含まれる遺伝子の種類は互いに異なる。

⑤ 細胞が持つ遺伝子は，卵と精子が形成されるときに種類が半分になり，受精によって再び全種類がそろう。

問 3 下線部(d)に用いた肺炎双球菌には，病原性を持たないＲ型菌と，病原性を持つＳ型菌がある。加熱殺菌したＳ型菌だけをマウスに注射すると発病しなかったが，加熱殺菌したＳ型菌をＲ型菌と混ぜてから注射すると発病した。発病したマウスの体内からはＳ型菌が見つかった。また，Ｓ型菌をすりつぶして得た抽出液をＲ型菌に加えて培養すると，一部のＲ型菌はＳ型菌に変わった。これらの現象は，Ｓ型菌の遺伝物質を取り込んだ一部のＲ型菌でＳ型菌への形質転換が起こり，それが病原性を保ったまま増殖することで引き起こされる。

そこで，この遺伝物質の本体を確かめるために，Ｓ型菌の抽出液に次の処理ⓐ～ⓒのいずれかを行った後，それぞれをＲ型菌に加えて培養する実験を行った。培養後にＳ型菌が見つかった処理はどれか。それを過不足なく含むものを，後の①～⑦のうちから一つ選べ。 **3**

ⓐ タンパク質を分解する酵素で処理した。

ⓑ RNA を分解する酵素で処理した。

ⓒ DNA を分解する酵素で処理した。

① ⓐ	② ⓑ	③ ⓒ
④ ⓐ，ⓑ	⑤ ⓐ，ⓒ	⑥ ⓑ，ⓒ
⑦ ⓐ，ⓑ，ⓒ		

B　細胞はDNAを複製して分裂することで増殖する。紫外線が細胞周期に与える影響を，動物の体細胞由来の培養細胞を用いて調べた。この培養細胞のDNA量を継続的に測定したところ，細胞1個当たりのDNA量は，図1のように，周期的に変化していた。この培養細胞に紫外線を短時間照射したところ，図2のように，DNA量の変化が一時的にみられなくなったが，その後，もとの周期的な変化が再開した。これは，(e)<u>細胞周期が一時停止</u>して，その間に，紫外線によって損傷を受けたDNAが修復されたことを示している。

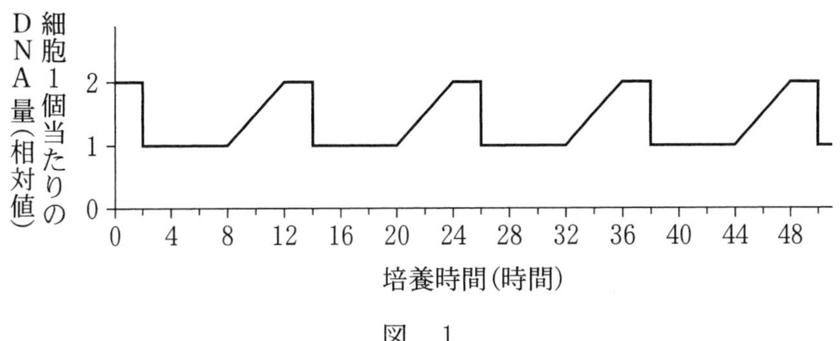

図　1

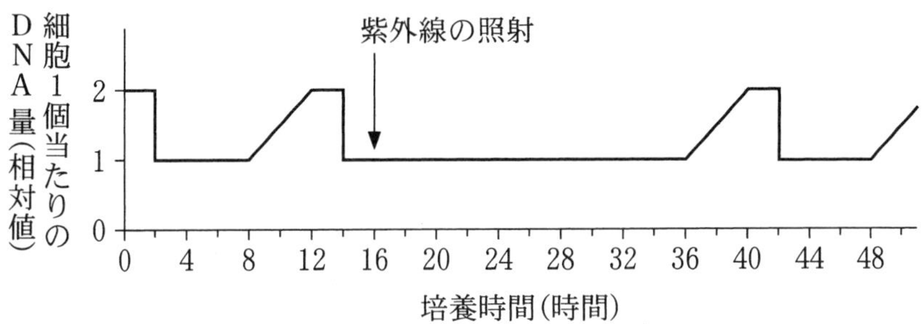

注：矢印は，紫外線を照射した時点を示す。

図　2

問 4 下線部(e)について，紫外線照射後に細胞周期が停止したのはどの時期であると考えられるか。その細胞周期の時期として最も適当なものを，次の①～④のうちから一つ選べ。 4

① G_1 期

② G_2 期

③ S 期

④ M 期

問 5 次に，紫外線の代わりに，化合物 Z が細胞周期に与える影響を調べた。DNA 量の測定開始 16 時間後から，化合物 Z を培地に加えて培養を続けたところ，図 3 の結果が得られた。また，測定開始から 15 時間後，26 時間後，および 40 時間後の各時点において，細胞を顕微鏡で観察した。図 4 は，その結果を模式図として示したものである。これらの結果から，化合物 Z は，細胞周期のどの過程を阻害したと考えられるか。最も適当なものを，後の①～⑤のうちから一つ選べ。 5

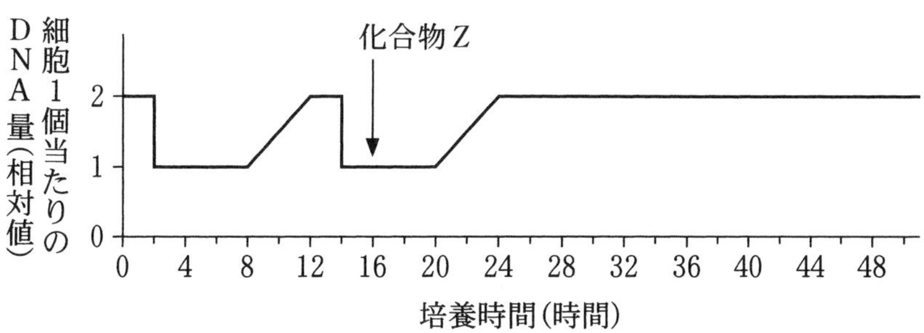

注：矢印の時点から，化合物 Z を培地に加えて培養を続けた。

図 3

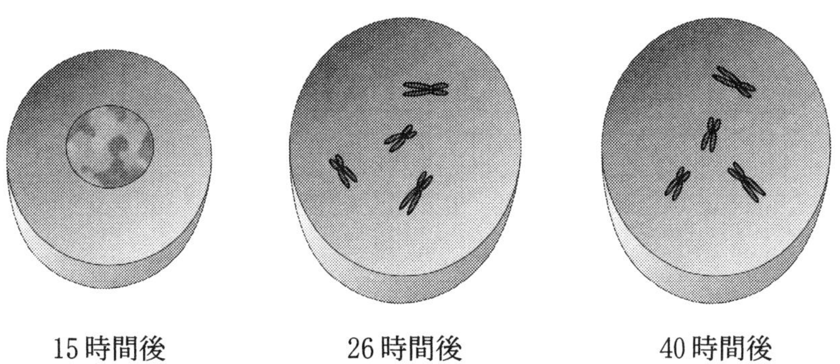

各時点において観察された細胞の模式図

図 4

① G_1 期の進行

② G_2 期の進行

③ DNA の複製

④ 染色体の分配

⑤ 染色体の凝縮

第2問 ヒトの体内環境の維持に関する次の文章(**A**・**B**)を読み,後の問い(**問1～6**)に答えよ。(配点 18)

A (a)血液は,血管を通って体内を循環しており,細胞の呼吸に必要な酸素や栄養分,細胞が放出した二酸化炭素や老廃物を,からだの適切な場所に運搬する。また体内には,(b)皮膚や血管が傷ついたときにすぐに修復する仕組みが備わっている。

問1 下線部(a)に関連して,血液の成分に関する記述として最も適当なものを,次の①～⑤のうちから一つ選べ。 6

① 血液は,有形成分の血球と液体成分の血清とからなる。

② 赤血球,白血球,および血小板のうち,最も数が多いのは血小板である。

③ 血液の液体成分に溶けている物質のうち,質量として最も多くを占めるものは無機塩類である。

④ 血液による酸素の運搬は,主にヘモグロビンによって行われる。

⑤ 白血球は,免疫を担うとともに,老廃物の運搬を行う。

問2 下線部(b)に関連して,次の記述ⓐ～ⓒは,血管が傷ついたときに,傷口が塞がれて出血が止まるまでの過程で起こる現象を示したものである。傷口で起こる現象の順序として最も適当なものを,後の①～⑥のうちから一つ選べ。 7

ⓐ 繊維状の物質が形成される。

ⓑ 赤血球などを絡めた塊ができる。

ⓒ 血小板が集まる。

① ⓐ→ⓑ→ⓒ　② ⓐ→ⓒ→ⓑ　③ ⓑ→ⓐ→ⓒ

④ ⓑ→ⓒ→ⓐ　⑤ ⓒ→ⓐ→ⓑ　⑥ ⓒ→ⓑ→ⓐ

問 3　皮膚や血管の修復作用は，感染を防ぐために重要である。皮膚と血管が傷ついたときに，修復作用が不十分であると，傷口からは病原体が次々と侵入する。皮膚と血管が傷ついた直後に，傷口付近で起こる病原体に対する防御反応として最も適当なものを，次の①～⑤のうちから一つ選べ。 8

① 傷口に集まってきた血小板が，侵入してきた病原体を取り込む。

② 傷口を塞ぐために角質層が形成される。

③ マクロファージが傷口付近で病原体を取り込む。

④ ナチュラルキラー(NK)細胞が，傷口から侵入した病原体を直接攻撃する。

⑤ 抗体産生細胞(形質細胞)が傷口の組織に集まって，侵入してきた病原体に対する抗体を放出する。

B　理科室に置いてある人体模型にぶつかってしまい，内部にあった各器官の模型を床に散乱させてしまった。そこで，内部が空洞になった人体模型(図1)に，まず，からだの左側の腎臓の模型(図2)と腎臓につながる血管の模型(図3)をもとの位置に戻すことにした。腎臓の模型には3本の管(管A～C)があり，このうち管A，管Bは血管であった。管Aの血管壁は管Bの血管壁よりも厚かったので，管 **ア** を血管の模型の静脈に接続し，もう一方の管を動脈に接続した。同様にして，右側の腎臓の模型と血管の模型を接続した後，これらをもとの位置である図1中の部位 **イ** に戻した。

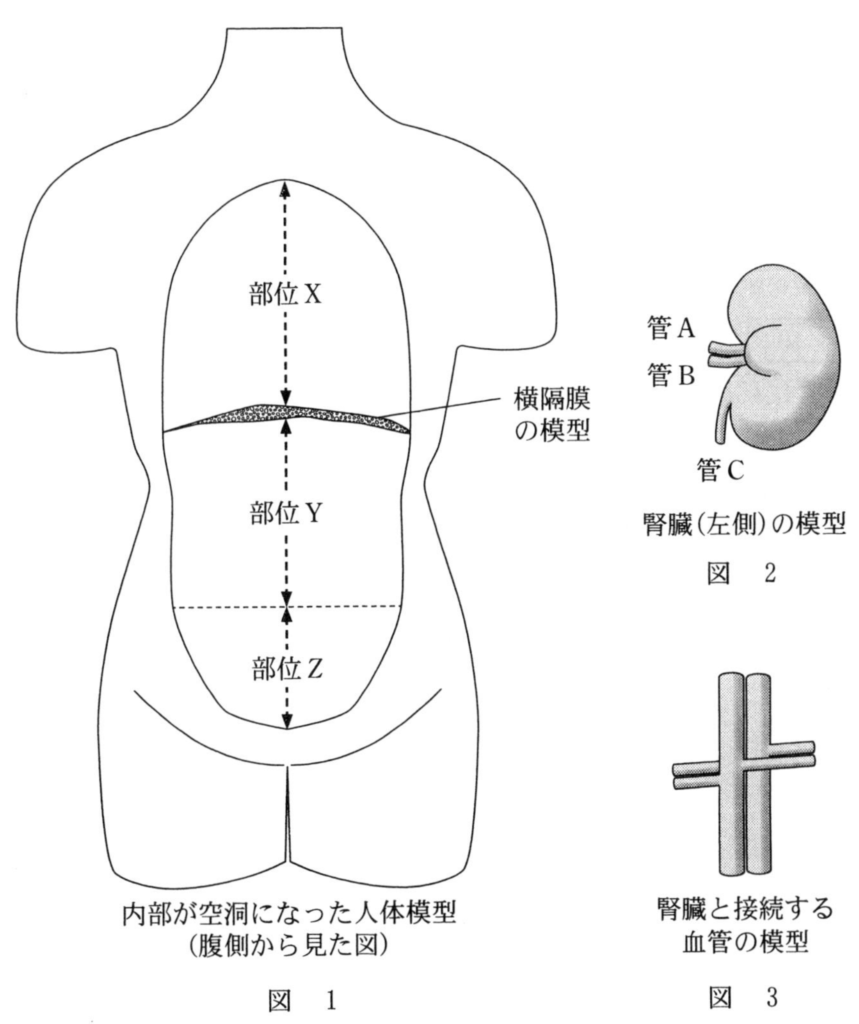

内部が空洞になった人体模型
(腹側から見た図)

図　1

腎臓(左側)の模型

図　2

腎臓と接続する
血管の模型

図　3

注：図1～3は，それぞれ縮尺が異なる。

問 4　前の文章中の ア ・ イ に当てはまる記号の組合せとして最も適当なものを，次の①～⑥のうちから一つ選べ。 9

	ア	イ
①	A	X
②	A	Y
③	A	Z
④	B	X
⑤	B	Y
⑥	B	Z

問 5　腎臓に流入する血液には，次のⓓ～ⓖなどの物質が含まれている。健康なヒトの腎臓において，図 2 の管 C に相当する管を流れる液体中に存在する物質の組合せとして最も適当なものを，後の①～⑥のうちから一つ選べ。 10

ⓓ　無機塩類　　ⓔ　糖　　ⓕ　尿　素　　ⓖ　アミノ酸

① ⓓ，ⓔ　　② ⓓ，ⓕ　　③ ⓓ，ⓖ
④ ⓔ，ⓕ　　⑤ ⓔ，ⓖ　　⑥ ⓕ，ⓖ

問 6　ブタの腎臓は，構造や大きさがヒトの腎臓とよく似ている。健常なブタの腎臓の腎動脈の切断口から，薄めた墨汁をゆっくりと注入した。この腎臓を縦に切断したとき，切断面に見られる墨汁の黒い成分の分布を示した模式図として最も適当なものを，次の①～④のうちから一つ選べ。ただし，墨汁中の黒い成分は，炭素を含む微粒子が結合したタンパク質である。 11

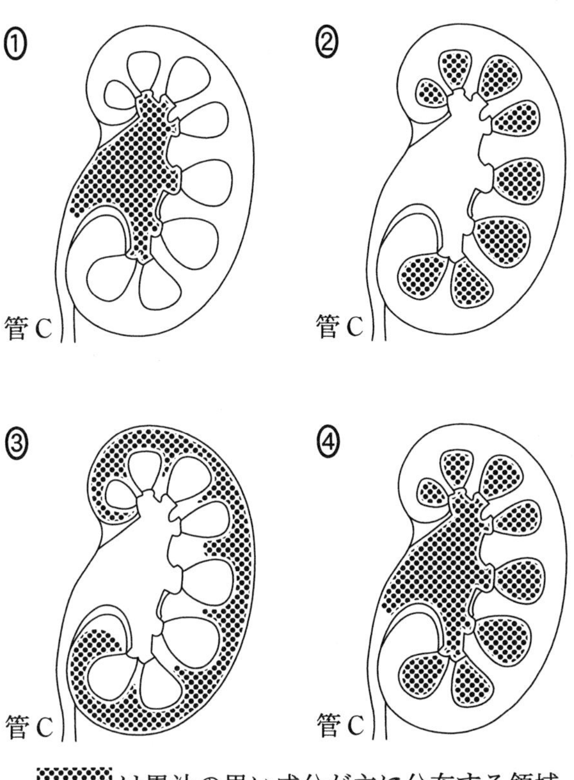

は墨汁の黒い成分が主に分布する領域

第３問 生物の多様性と生態系の保全に関する次の文章（**A・B**）を読み，後の問い（問１～５）に答えよ。（配点　15）

A　日本列島では，ほとんどの地域に(a)森林が見られ，森林が成立しない湿地や(b)湖沼には，水生植物からなる植生が見られる。過去に山火事や伐採により森林が消失した場所では，(c)主にススキなどの草本が優占する草原が見られることがあり，草原は時間の経過とともに森林へと移り変わっていく。

問１　下線部(a)に関連して，日本列島の森林に関する次の文章中の［ア］・［イ］に入る語句の組合せとして最も適当なものを，後の①～⑥のうちから一つ選べ。［12］

日本列島には複数の森林のバイオームが見られ，その分布は主に［ア］により決まる。森林限界が見られる標高は，北海道では本州中部地方［イ］。

	ア	イ
①	年降水量	より低い
②	年降水量	と変わらない
③	年降水量	より高い
④	年平均気温	より低い
⑤	年平均気温	と変わらない
⑥	年平均気温	より高い

問 2 下線部(b)に関連して，次の記述ⓐ～ⓒのうち，湖沼の植生や生態系の説明として適当なものはどれか。それを過不足なく含むものを，後の①～⑦のうちから一つ選べ。 13

ⓐ 湖沼では，水深に応じた植生の違いが見られる。

ⓑ 湖沼の生態系では，植物プランクトンと動物プランクトンが生産者として働いている。

ⓒ 湖沼に土砂が堆積して陸地化すると，やがて森林となることがある。

① ⓐ	② ⓑ	③ ⓒ
④ ⓐ，ⓑ	⑤ ⓐ，ⓒ	⑥ ⓑ，ⓒ
⑦ ⓐ，ⓑ，ⓒ		

問 3　下線部(c)に関連して，中部地方のある山地では，過去300年にわたり，2年に1回，人為的に植生を焼き払う火入れを春に行った後，成長した植物の刈取りをその年の初秋に行う管理方法により，伝統的に草原が維持されてきた。近年になり，管理方法が変更された区域や，管理が放棄された区域も見られるようになった。表1は，五つの区域（Ⅰ～Ⅴ）における近年の管理方法を示したものである。また図1は，各区域内で初夏に観察された全ての植物の種数と，そこに含まれる希少な草本の種数を調べた結果を示したものである。

表　1

区域	近年の管理方法
Ⅰ	2年に1回，火入れと刈取りの両方が行われている（伝統的管理）。
Ⅱ	毎年，火入れと刈取りの両方が行われている。
Ⅲ	毎年，刈取りのみが行われている。
Ⅳ	毎年，火入れのみが行われている。
Ⅴ	管理が放棄され，火入れも刈取りも行われていない。

注：火入れの時期は春，刈取りの時期は初秋である。

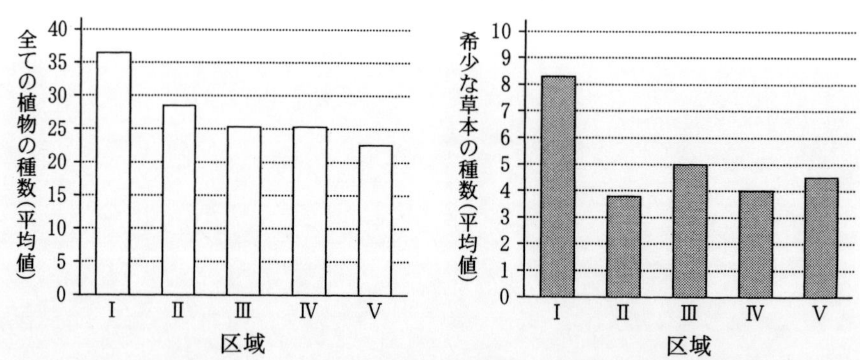

注：各区域内に調査点（1 m × 1 m）を複数設置し，それぞれの調査点において観察された全ての植物の種数および希少な草本の種数を，平均値で示す。

図　1

この山地における草原を維持する管理方法と観察された植物の種数について，表１と図１から考えられることとして最も適当なものを，次の①～④のうちから一つ選べ。 14

① 火入れと刈取りの両方を毎年行うことは，火入れと刈取りのどちらかのみを毎年行うことと比べて，全ての植物の種数における希少な草本の種数の割合を大きくする効果がある。
② 火入れを毎年行うことは，管理を放棄することと比べて，全ての植物の種数に加えて希少な草本の種数も多く保つ効果がある。
③ 伝統的管理を行うことは，火入れと刈取りの両方を毎年行うことと比べて，全ての植物の種数に加えて希少な草本の種数も多く保つ効果がある。
④ 管理を放棄することは，伝統的管理を行うことと比べて，全ての植物の種数における希少な草本の種数の割合を大きくする効果がある。

B 人間活動によって本来の生息場所から別の場所へ移動させられ，その地域に棲(す)み着いた生物を，(d)外来生物という。(e)外来生物が生物多様性の保全や生態系のバランスに関わる問題を引き起こさないように，必要に応じて外来生物を管理することが求められる。

問 4 下線部(d)に関連して，外来生物が**関わっていない記述**を，次の①～④のうちから一つ選べ。 15

① アジア原産のつる植物であるクズが北米に持ち込まれたところ，林のへりで樹木を覆い，その生育を妨げるようになった。

② サクラマスを川で捕獲し，それらから得られた多数の子を育ててもとの川に放ったところ，野生の個体との間で食物をめぐる競合が起こり，全体として個体数が減少した。

③ イタチが分布していなかった日本のある島に，本州からイタチが持ち込まれたところ，その島の在来のトカゲがイタチに食べられて激減した。

④ メダカを水路で捕獲し，外国産の魚と一緒に飼育した後にもとの水路に戻したところ，飼育中にメダカに感染した外国由来の細菌が，水路にいる他の魚に感染した。

問 5 下線部(e)に関連して，外来生物の管理に関する記述として最も適当なものを，次の①～④のうちから一つ選べ。 16

① ある外来の水生植物が繁茂した池の生態系をもとの状態に近づけるためには，その植物を根絶することが難しい場合，定期的に除去して低密度に維持することが有効である。

② 家畜は，自然の生態系に放たれて外来生物になっても，いずれ死滅するので，人間の管理下に戻そうとしなくてもよい。

③ ある外来の動物が増えたことによって崩れた生態系のバランスを回復させるためには，別の種の動物を新たに導入し，その動物と食物をめぐって競合させることが有効である。

④ 新たに見つかった外来生物を根絶する場合には，見つかった直後に駆除するよりも，ある程度増殖するのを待ってからまとめて駆除するほうが効率がよい。

代々木ゼミナール編

2025大学入学
共通テスト
実戦問題集

英語 [リーディング・リスニング]
数学Ⅰ・A
数学Ⅱ・B・C
国語
物理
化学
生物
理科基礎 [物理/化学/生物/地学]
化学基礎＋生物基礎
生物基礎＋地学基礎
地理総合／歴史総合／公共
歴史総合，日本史探究
歴史総合，世界史探究
地理総合，地理探究
公共，倫理
公共，政治・経済

2025年版/大学入学共通テスト
実戦問題集
化学基礎＋生物基礎

2024年 7 月20日　　初版発行
●
編　者 —— 代々木ゼミナール
発行者 —— 髙宮英郎
発行所 —— 株式会社日本入試センター
〒151-0053
東京都渋谷区代々木1-27-1
代々木ライブラリー
印刷所 —— 三松堂株式会社

●この書籍の編集内容および落丁・乱丁についてのお問い合わせは下記までお願いいたします
〒151-0053
東京都渋谷区代々木1-38-9
☎03-3370-7409(平日9:00～17:00)
代々木ライブラリー営業部

ISBN978-4-86346-877-1　Printed in Japan

実戦問題集　理科基礎　解答用紙

A

注意事項

1　左右の解答欄で同一の出題範囲を解答してはいけません。
2　訂正は，消しゴムできれいに消し，消しくずを残してはいけません。
3　所定欄以外にはマークしたり，記入したりしてはいけません。
4　汚したり，折りまげたりしてはいけません。
※この解答用紙は大学入試センターより公表された令和７年度共通テストマークシートをベースに作成・編集したものです。

マーク例

良い例	悪い例
●	・⊗◓○

① 受験番号を記入し，その下のマーク欄にマークしなさい。

受験番号欄				
千位	百位	十位	一位	英字
–	0	0	0	A
1	1	1	1	B
2	2	2	2	C
3	3	3	3	H
4	4	4	4	K
5	5	5	5	M
6	6	6	6	R
7	7	7	7	U
8	8	8	8	X
9	9	9	9	Y
–	–	–	–	Z

A B C H K M R U X Y Z

受験番号マークチェック欄

② 氏名・フリガナ，試験場コードを記入しなさい。

フリガナ						
氏名						
試験場コード	十万位	万位	千位	百位	十位	一位

氏名等チェック欄

④
・下の解答欄で解答する出題範囲を，１つだけマークしなさい。
・出題範囲欄が無マーク又は複数マークの場合は，０点となります。

出題範囲欄	
物理基礎	○
化学基礎	○
生物基礎	○
地学基礎	○

出題範囲チェック欄

解答番号	解					答						欄
	1	2	3	4	5	6	7	8	9	0	a	b
101	1	2	3	4	5	6	7	8	9	0	a	b
102	1	2	3	4	5	6	7	8	9	0	a	b
103	1	2	3	4	5	6	7	8	9	0	a	b
104	1	2	3	4	5	6	7	8	9	0	a	b
105	1	2	3	4	5	6	7	8	9	0	a	b
106	1	2	3	4	5	6	7	8	9	0	a	b
107	1	2	3	4	5	6	7	8	9	0	a	b
108	1	2	3	4	5	6	7	8	9	0	a	b
109	1	2	3	4	5	6	7	8	9	0	a	b
110	1	2	3	4	5	6	7	8	9	0	a	b
111	1	2	3	4	5	6	7	8	9	0	a	b
112	1	2	3	4	5	6	7	8	9	0	a	b
113	1	2	3	4	5	6	7	8	9	0	a	b
114	1	2	3	4	5	6	7	8	9	0	a	b
115	1	2	3	4	5	6	7	8	9	0	a	b
116	1	2	3	4	5	6	7	8	9	0	a	b
117	1	2	3	4	5	6	7	8	9	0	a	b
118	1	2	3	4	5	6	7	8	9	0	a	b
119	1	2	3	4	5	6	7	8	9	0	a	b
120	1	2	3	4	5	6	7	8	9	0	a	b
121	1	2	3	4	5	6	7	8	9	0	a	b
122	1	2	3	4	5	6	7	8	9	0	a	b
123	1	2	3	4	5	6	7	8	9	0	a	b
124	1	2	3	4	5	6	7	8	9	0	a	b
125	1	2	3	4	5	6	7	8	9	0	a	b

⑤
・下の解答欄で解答する出題範囲を，１つだけマークしなさい。
・出題範囲欄が無マーク又は複数マークの場合は，０点となります。

出題範囲欄	
物理基礎	○
化学基礎	○
生物基礎	○
地学基礎	○

出題範囲チェック欄

解答番号	解					答						欄
	1	2	3	4	5	6	7	8	9	0	a	b
101	1	2	3	4	5	6	7	8	9	0	a	b
102	1	2	3	4	5	6	7	8	9	0	a	b
103	1	2	3	4	5	6	7	8	9	0	a	b
104	1	2	3	4	5	6	7	8	9	0	a	b
105	1	2	3	4	5	6	7	8	9	0	a	b
106	1	2	3	4	5	6	7	8	9	0	a	b
107	1	2	3	4	5	6	7	8	9	0	a	b
108	1	2	3	4	5	6	7	8	9	0	a	b
109	1	2	3	4	5	6	7	8	9	0	a	b
110	1	2	3	4	5	6	7	8	9	0	a	b
111	1	2	3	4	5	6	7	8	9	0	a	b
112	1	2	3	4	5	6	7	8	9	0	a	b
113	1	2	3	4	5	6	7	8	9	0	a	b
114	1	2	3	4	5	6	7	8	9	0	a	b
115	1	2	3	4	5	6	7	8	9	0	a	b
116	1	2	3	4	5	6	7	8	9	0	a	b
117	1	2	3	4	5	6	7	8	9	0	a	b
118	1	2	3	4	5	6	7	8	9	0	a	b
119	1	2	3	4	5	6	7	8	9	0	a	b
120	1	2	3	4	5	6	7	8	9	0	a	b
121	1	2	3	4	5	6	7	8	9	0	a	b
122	1	2	3	4	5	6	7	8	9	0	a	b
123	1	2	3	4	5	6	7	8	9	0	a	b
124	1	2	3	4	5	6	7	8	9	0	a	b
125	1	2	3	4	5	6	7	8	9	0	a	b

実戦問題集　理科基礎　解答用紙

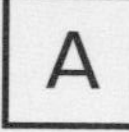
A

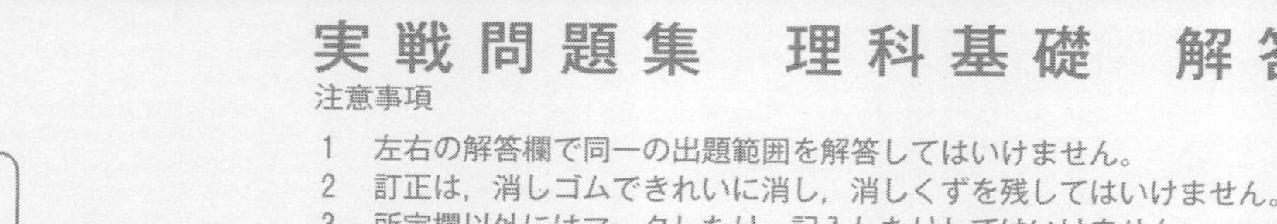

注意事項

1　左右の解答欄で同一の出題範囲を解答してはいけません。
2　訂正は，消しゴムできれいに消し，消しくずを残してはいけません。
3　所定欄以外にはマークしたり，記入したりしてはいけません。
4　汚したり，折りまげたりしてはいけません。
※この解答用紙は大学入試センターより公表された令和７年度共通テストマークシートをベースに作成・編集したものです。

マーク例

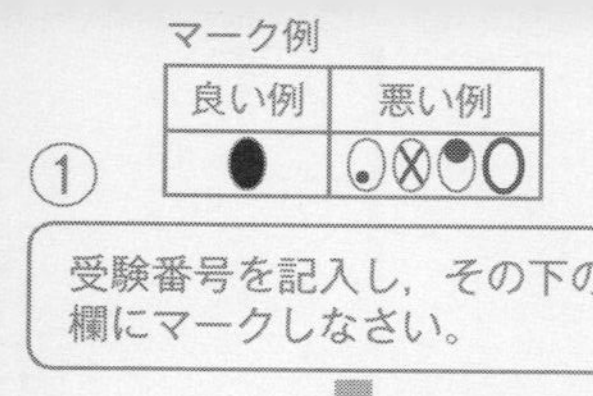

良い例	悪い例
●	◌ ⊗ ◑ ◯

①

受験番号を記入し，その下のマーク欄にマークしなさい。

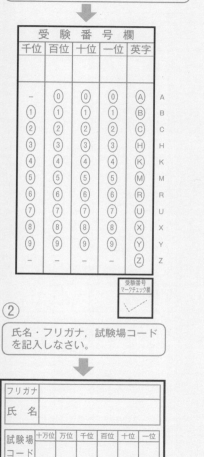

受験番号欄				
千位	百位	十位	一位	英字
–	0	0	0	A
1	1	1	1	B
2	2	2	2	C
3	3	3	3	H
4	4	4	4	K
5	5	5	5	M
6	6	6	6	R
7	7	7	7	U
8	8	8	8	X
9	9	9	9	Y
–	–	–	–	Z

A B C H K M R U X Y Z

受験番号マークチェック欄

②

氏名・フリガナ，試験場コードを記入しなさい。

フリガナ						
氏　名						
試験場コード	十万位	万位	千位	百位	十位	一位

氏名等チェック欄

④

・下の解答欄で解答する出題範囲を，１つだけマークしなさい。
・出題範囲欄が無マーク又は複数マークの場合は，０点となります。

出題範囲欄	
物理基礎	◯
化学基礎	◯
生物基礎	◯
地学基礎	◯

出題範囲チェック欄

解答番号	解答欄											
	1	2	3	4	5	6	7	8	9	0	a	b
101	1	2	3	4	5	6	7	8	9	0	a	b
102	1	2	3	4	5	6	7	8	9	0	a	b
103	1	2	3	4	5	6	7	8	9	0	a	b
104	1	2	3	4	5	6	7	8	9	0	a	b
105	1	2	3	4	5	6	7	8	9	0	a	b
106	1	2	3	4	5	6	7	8	9	0	a	b
107	1	2	3	4	5	6	7	8	9	0	a	b
108	1	2	3	4	5	6	7	8	9	0	a	b
109	1	2	3	4	5	6	7	8	9	0	a	b
110	1	2	3	4	5	6	7	8	9	0	a	b
111	1	2	3	4	5	6	7	8	9	0	a	b
112	1	2	3	4	5	6	7	8	9	0	a	b
113	1	2	3	4	5	6	7	8	9	0	a	b
114	1	2	3	4	5	6	7	8	9	0	a	b
115	1	2	3	4	5	6	7	8	9	0	a	b
116	1	2	3	4	5	6	7	8	9	0	a	b
117	1	2	3	4	5	6	7	8	9	0	a	b
118	1	2	3	4	5	6	7	8	9	0	a	b
119	1	2	3	4	5	6	7	8	9	0	a	b
120	1	2	3	4	5	6	7	8	9	0	a	b
121	1	2	3	4	5	6	7	8	9	0	a	b
122	1	2	3	4	5	6	7	8	9	0	a	b
123	1	2	3	4	5	6	7	8	9	0	a	b
124	1	2	3	4	5	6	7	8	9	0	a	b
125	1	2	3	4	5	6	7	8	9	0	a	b

⑤

・下の解答欄で解答する出題範囲を，１つだけマークしなさい。
・出題範囲欄が無マーク又は複数マークの場合は，０点となります。

出題範囲欄	
物理基礎	◯
化学基礎	◯
生物基礎	◯
地学基礎	◯

出題範囲チェック欄

解答番号	解答欄											
	1	2	3	4	5	6	7	8	9	0	a	b
101	1	2	3	4	5	6	7	8	9	0	a	b
102	1	2	3	4	5	6	7	8	9	0	a	b
103	1	2	3	4	5	6	7	8	9	0	a	b
104	1	2	3	4	5	6	7	8	9	0	a	b
105	1	2	3	4	5	6	7	8	9	0	a	b
106	1	2	3	4	5	6	7	8	9	0	a	b
107	1	2	3	4	5	6	7	8	9	0	a	b
108	1	2	3	4	5	6	7	8	9	0	a	b
109	1	2	3	4	5	6	7	8	9	0	a	b
110	1	2	3	4	5	6	7	8	9	0	a	b
111	1	2	3	4	5	6	7	8	9	0	a	b
112	1	2	3	4	5	6	7	8	9	0	a	b
113	1	2	3	4	5	6	7	8	9	0	a	b
114	1	2	3	4	5	6	7	8	9	0	a	b
115	1	2	3	4	5	6	7	8	9	0	a	b
116	1	2	3	4	5	6	7	8	9	0	a	b
117	1	2	3	4	5	6	7	8	9	0	a	b
118	1	2	3	4	5	6	7	8	9	0	a	b
119	1	2	3	4	5	6	7	8	9	0	a	b
120	1	2	3	4	5	6	7	8	9	0	a	b
121	1	2	3	4	5	6	7	8	9	0	a	b
122	1	2	3	4	5	6	7	8	9	0	a	b
123	1	2	3	4	5	6	7	8	9	0	a	b
124	1	2	3	4	5	6	7	8	9	0	a	b
125	1	2	3	4	5	6	7	8	9	0	a	b

実戦問題集　理科基礎　解答用紙

A

注意事項

1　左右の解答欄で同一の出題範囲を解答してはいけません。
2　訂正は，消しゴムできれいに消し，消しくずを残してはいけません。
3　所定欄以外にはマークしたり，記入したりしてはいけません。
4　汚したり，折りまげたりしてはいけません。
※この解答用紙は大学入試センターより公表された令和７年度共通テストマークシートをベースに作成・編集したものです。

マーク例

良い例	悪い例
●	◎ ⊗ ◐ ◯

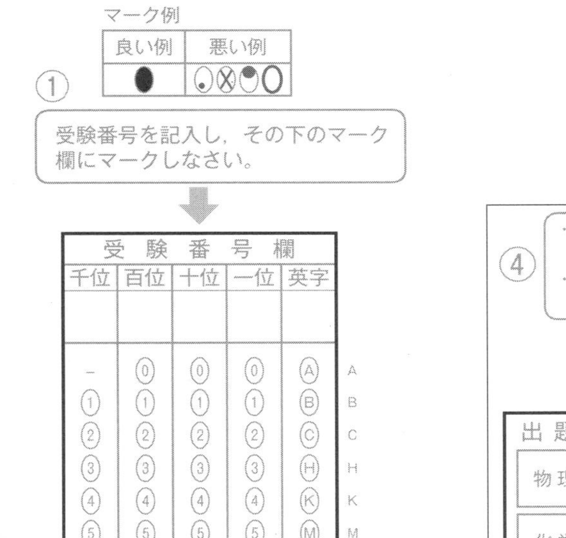

① 受験番号を記入し，その下のマーク欄にマークしなさい。

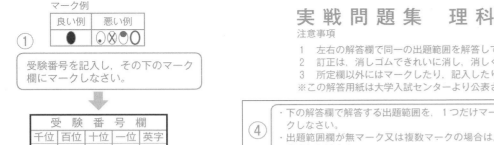

千位	百位	十位	一位	英字
–	0	0	0	A
1	1	1	1	B
2	2	2	2	C
3	3	3	3	H
4	4	4	4	K
5	5	5	5	M
6	6	6	6	R
7	7	7	7	U
8	8	8	8	X
9	9	9	9	Y
–	–	–	–	Z

受験番号マークチェック欄

② 氏名・フリガナ，試験場コードを記入しなさい。

フリガナ						
氏　名						
試験場コード	十万位	万位	千位	百位	十位	一位

氏名等チェック欄

④
・下の解答欄で解答する出題範囲を，１つだけマークしなさい。
・出題範囲欄が無マーク又は複数マークの場合は，０点となります。

出題範囲欄	
物理基礎	◯
化学基礎	◯
生物基礎	◯
地学基礎	◯

出題範囲チェック欄

解答番号	解				答						欄	
	1	2	3	4	5	6	7	8	9	0	a	b
101	1	2	3	4	5	6	7	8	9	0	a	b
102	1	2	3	4	5	6	7	8	9	0	a	b
103	1	2	3	4	5	6	7	8	9	0	a	b
104	1	2	3	4	5	6	7	8	9	0	a	b
105	1	2	3	4	5	6	7	8	9	0	a	b
106	1	2	3	4	5	6	7	8	9	0	a	b
107	1	2	3	4	5	6	7	8	9	0	a	b
108	1	2	3	4	5	6	7	8	9	0	a	b
109	1	2	3	4	5	6	7	8	9	0	a	b
110	1	2	3	4	5	6	7	8	9	0	a	b
111	1	2	3	4	5	6	7	8	9	0	a	b
112	1	2	3	4	5	6	7	8	9	0	a	b
113	1	2	3	4	5	6	7	8	9	0	a	b
114	1	2	3	4	5	6	7	8	9	0	a	b
115	1	2	3	4	5	6	7	8	9	0	a	b
116	1	2	3	4	5	6	7	8	9	0	a	b
117	1	2	3	4	5	6	7	8	9	0	a	b
118	1	2	3	4	5	6	7	8	9	0	a	b
119	1	2	3	4	5	6	7	8	9	0	a	b
120	1	2	3	4	5	6	7	8	9	0	a	b
121	1	2	3	4	5	6	7	8	9	0	a	b
122	1	2	3	4	5	6	7	8	9	0	a	b
123	1	2	3	4	5	6	7	8	9	0	a	b
124	1	2	3	4	5	6	7	8	9	0	a	b
125	1	2	3	4	5	6	7	8	9	0	a	b

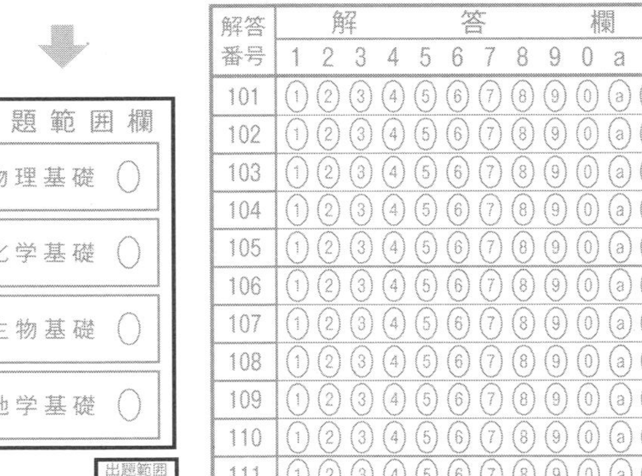

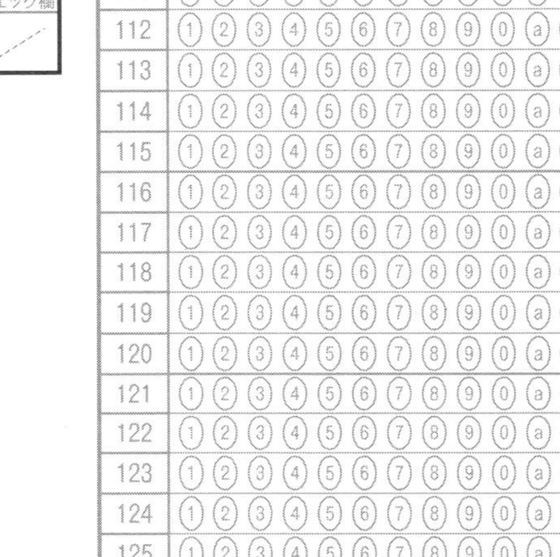

⑤
・下の解答欄で解答する出題範囲を，１つだけマークしなさい。
・出題範囲欄が無マーク又は複数マークの場合は，０点となります。

出題範囲欄	
物理基礎	◯
化学基礎	◯
生物基礎	◯
地学基礎	◯

出題範囲チェック欄

解答番号	解				答						欄	
	1	2	3	4	5	6	7	8	9	0	a	b
101	1	2	3	4	5	6	7	8	9	0	a	b
102	1	2	3	4	5	6	7	8	9	0	a	b
103	1	2	3	4	5	6	7	8	9	0	a	b
104	1	2	3	4	5	6	7	8	9	0	a	b
105	1	2	3	4	5	6	7	8	9	0	a	b
106	1	2	3	4	5	6	7	8	9	0	a	b
107	1	2	3	4	5	6	7	8	9	0	a	b
108	1	2	3	4	5	6	7	8	9	0	a	b
109	1	2	3	4	5	6	7	8	9	0	a	b
110	1	2	3	4	5	6	7	8	9	0	a	b
111	1	2	3	4	5	6	7	8	9	0	a	b
112	1	2	3	4	5	6	7	8	9	0	a	b
113	1	2	3	4	5	6	7	8	9	0	a	b
114	1	2	3	4	5	6	7	8	9	0	a	b
115	1	2	3	4	5	6	7	8	9	0	a	b
116	1	2	3	4	5	6	7	8	9	0	a	b
117	1	2	3	4	5	6	7	8	9	0	a	b
118	1	2	3	4	5	6	7	8	9	0	a	b
119	1	2	3	4	5	6	7	8	9	0	a	b
120	1	2	3	4	5	6	7	8	9	0	a	b
121	1	2	3	4	5	6	7	8	9	0	a	b
122	1	2	3	4	5	6	7	8	9	0	a	b
123	1	2	3	4	5	6	7	8	9	0	a	b
124	1	2	3	4	5	6	7	8	9	0	a	b
125	1	2	3	4	5	6	7	8	9	0	a	b

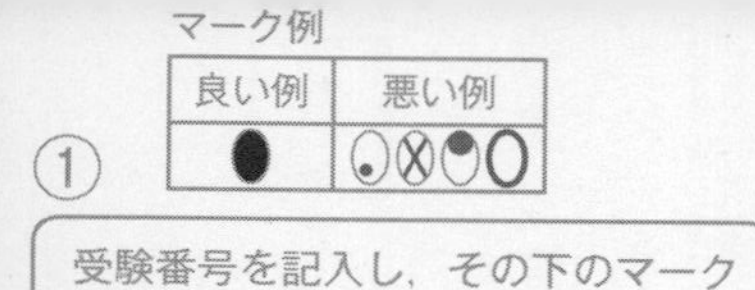

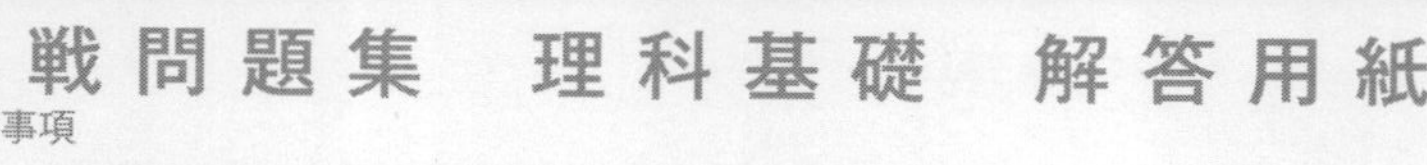

実戦問題集　理科基礎　解答用紙

A

注意事項

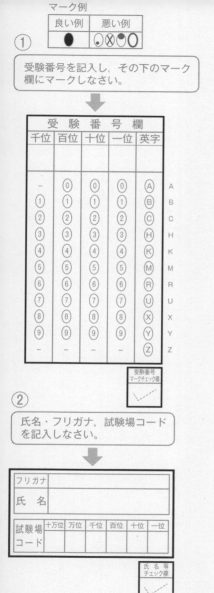

1　左右の解答欄で同一の出題範囲を解答してはいけません。
2　訂正は，消しゴムできれいに消し，消しくずを残してはいけません。
3　所定欄以外にはマークしたり，記入したりしてはいけません。
4　汚したり，折りまげたりしてはいけません。

※この解答用紙は大学入試センターより公表された令和７年度共通テストマークシートをベースに作成・編集したものです。

①

受験番号を記入し，その下のマーク欄にマークしなさい。

受験番号欄				
千位	百位	十位	一位	英字
–	0	0	0	A
1	1	1	1	B
2	2	2	2	C
3	3	3	3	H
4	4	4	4	K
5	5	5	5	M
6	6	6	6	R
7	7	7	7	U
8	8	8	8	X
9	9	9	9	Y
–	–	–	–	Z

受験番号マークチェック欄

②

氏名・フリガナ，試験場コードを記入しなさい。

フリガナ						
氏　名						
試験場コード	十万位	万位	千位	百位	十位	一位

氏名等チェック欄

④

・下の解答欄で解答する出題範囲を，１つだけマークしなさい。
・出題範囲欄が無マーク又は複数マークの場合は，０点となります。

出題範囲欄	
物理基礎	○
化学基礎	○
生物基礎	○
地学基礎	○

出題範囲チェック欄

解答番号	解					答					欄	
	1	2	3	4	5	6	7	8	9	0	a	b
101	1	2	3	4	5	6	7	8	9	0	a	b
102	1	2	3	4	5	6	7	8	9	0	a	b
103	1	2	3	4	5	6	7	8	9	0	a	b
104	1	2	3	4	5	6	7	8	9	0	a	b
105	1	2	3	4	5	6	7	8	9	0	a	b
106	1	2	3	4	5	6	7	8	9	0	a	b
107	1	2	3	4	5	6	7	8	9	0	a	b
108	1	2	3	4	5	6	7	8	9	0	a	b
109	1	2	3	4	5	6	7	8	9	0	a	b
110	1	2	3	4	5	6	7	8	9	0	a	b
111	1	2	3	4	5	6	7	8	9	0	a	b
112	1	2	3	4	5	6	7	8	9	0	a	b
113	1	2	3	4	5	6	7	8	9	0	a	b
114	1	2	3	4	5	6	7	8	9	0	a	b
115	1	2	3	4	5	6	7	8	9	0	a	b
116	1	2	3	4	5	6	7	8	9	0	a	b
117	1	2	3	4	5	6	7	8	9	0	a	b
118	1	2	3	4	5	6	7	8	9	0	a	b
119	1	2	3	4	5	6	7	8	9	0	a	b
120	1	2	3	4	5	6	7	8	9	0	a	b
121	1	2	3	4	5	6	7	8	9	0	a	b
122	1	2	3	4	5	6	7	8	9	0	a	b
123	1	2	3	4	5	6	7	8	9	0	a	b
124	1	2	3	4	5	6	7	8	9	0	a	b
125	1	2	3	4	5	6	7	8	9	0	a	b

⑤

・下の解答欄で解答する出題範囲を，１つだけマークしなさい。
・出題範囲欄が無マーク又は複数マークの場合は，０点となります。

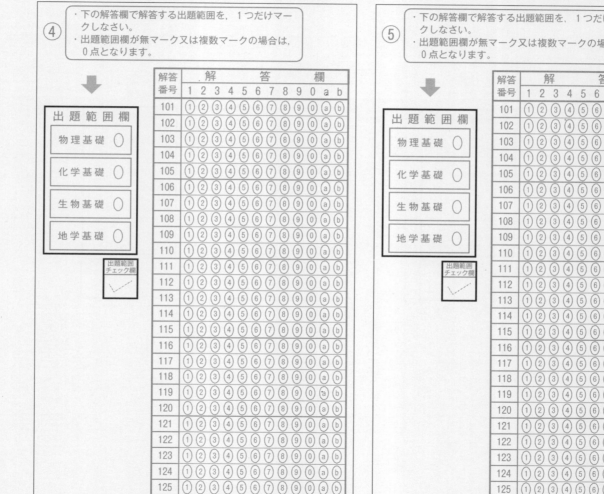

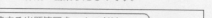

出題範囲欄	
物理基礎	○
化学基礎	○
生物基礎	○
地学基礎	○

出題範囲チェック欄

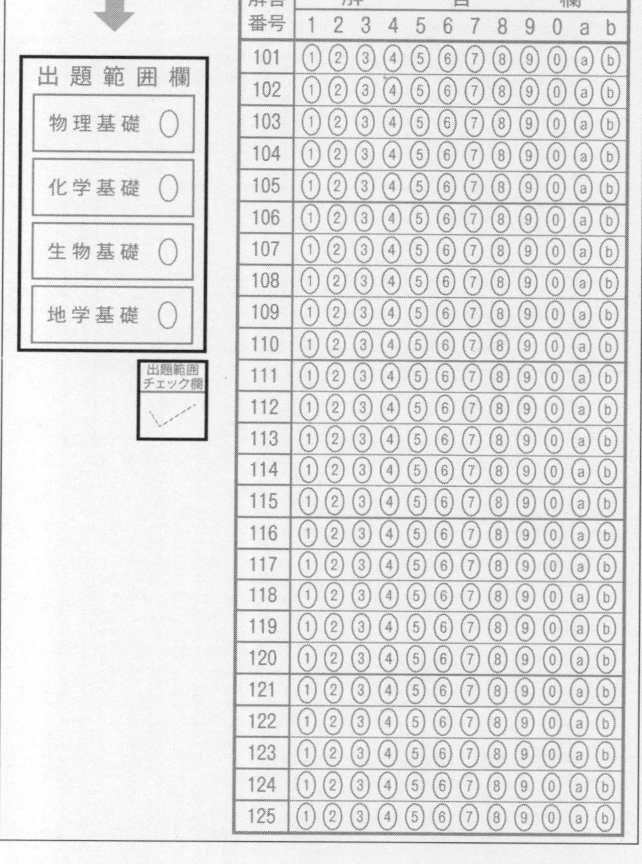

解答番号	解					答					欄	
	1	2	3	4	5	6	7	8	9	0	a	b
101	1	2	3	4	5	6	7	8	9	0	a	b
102	1	2	3	4	5	6	7	8	9	0	a	b
103	1	2	3	4	5	6	7	8	9	0	a	b
104	1	2	3	4	5	6	7	8	9	0	a	b
105	1	2	3	4	5	6	7	8	9	0	a	b
106	1	2	3	4	5	6	7	8	9	0	a	b
107	1	2	3	4	5	6	7	8	9	0	a	b
108	1	2	3	4	5	6	7	8	9	0	a	b
109	1	2	3	4	5	6	7	8	9	0	a	b
110	1	2	3	4	5	6	7	8	9	0	a	b
111	1	2	3	4	5	6	7	8	9	0	a	b
112	1	2	3	4	5	6	7	8	9	0	a	b
113	1	2	3	4	5	6	7	8	9	0	a	b
114	1	2	3	4	5	6	7	8	9	0	a	b
115	1	2	3	4	5	6	7	8	9	0	a	b
116	1	2	3	4	5	6	7	8	9	0	a	b
117	1	2	3	4	5	6	7	8	9	0	a	b
118	1	2	3	4	5	6	7	8	9	0	a	b
119	1	2	3	4	5	6	7	8	9	0	a	b
120	1	2	3	4	5	6	7	8	9	0	a	b
121	1	2	3	4	5	6	7	8	9	0	a	b
122	1	2	3	4	5	6	7	8	9	0	a	b
123	1	2	3	4	5	6	7	8	9	0	a	b
124	1	2	3	4	5	6	7	8	9	0	a	b
125	1	2	3	4	5	6	7	8	9	0	a	b

実戦問題集　理科基礎　解答用紙

B

注意事項

1　左右の解答欄で同一の科目を解答してはいけません。
2　訂正は，消しゴムできれいに消し，消しくずを残してはいけません。
3　所定欄以外にはマークしたり，記入したりしてはいけません。
4　汚したり，折りまげたりしてはいけません。

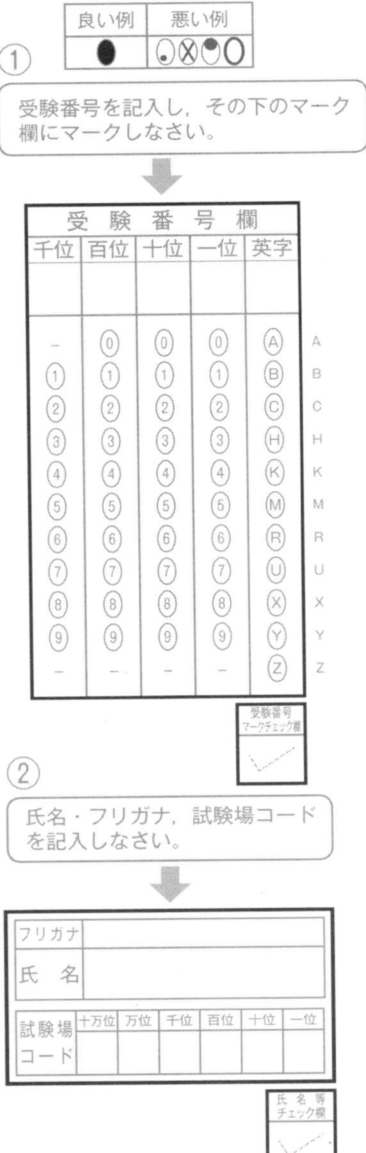

マーク例

良い例	悪い例
●	⊙⊗◐○

① 受験番号を記入し，その下のマーク欄にマークしなさい。

受験番号欄				
千位	百位	十位	一位	英字
–	0	0	0	A
1	1	1	1	B
2	2	2	2	C
3	3	3	3	H
4	4	4	4	K
5	5	5	5	M
6	6	6	6	R
7	7	7	7	U
8	8	8	8	X
9	9	9	9	Y
–	–	–	–	Z

受験番号マークチェック欄

② 氏名・フリガナ，試験場コードを記入しなさい。

フリガナ						
氏　名						
試験場コード	十万位	万位	千位	百位	十位	一位

氏名等チェック欄

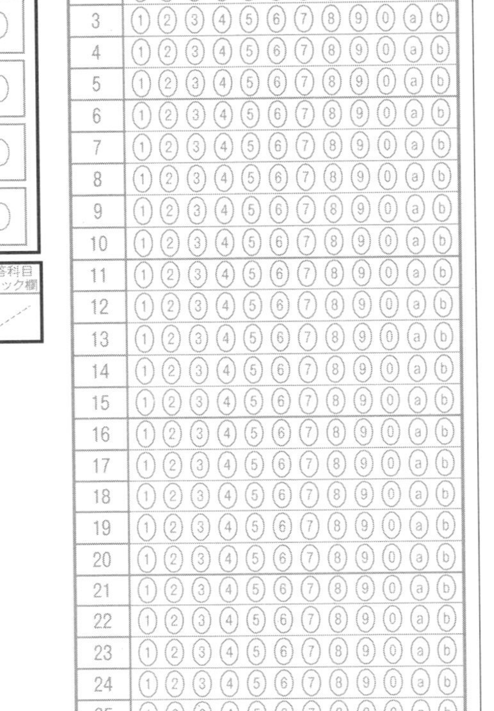

③

・下の解答欄で解答する科目を，１科目だけマークしなさい。
・解答科目欄が無マーク又は複数マークの場合は，０点となります。

解答科目欄	
物理基礎	○
化学基礎	○
生物基礎	○
地学基礎	○

解答科目チェック欄

解答番号	解				答					欄		
	1	2	3	4	5	6	7	8	9	0	a	b
1	1	2	3	4	5	6	7	8	9	0	a	b
2	1	2	3	4	5	6	7	8	9	0	a	b
3	1	2	3	4	5	6	7	8	9	0	a	b
4	1	2	3	4	5	6	7	8	9	0	a	b
5	1	2	3	4	5	6	7	8	9	0	a	b
6	1	2	3	4	5	6	7	8	9	0	a	b
7	1	2	3	4	5	6	7	8	9	0	a	b
8	1	2	3	4	5	6	7	8	9	0	a	b
9	1	2	3	4	5	6	7	8	9	0	a	b
10	1	2	3	4	5	6	7	8	9	0	a	b
11	1	2	3	4	5	6	7	8	9	0	a	b
12	1	2	3	4	5	6	7	8	9	0	a	b
13	1	2	3	4	5	6	7	8	9	0	a	b
14	1	2	3	4	5	6	7	8	9	0	a	b
15	1	2	3	4	5	6	7	8	9	0	a	b
16	1	2	3	4	5	6	7	8	9	0	a	b
17	1	2	3	4	5	6	7	8	9	0	a	b
18	1	2	3	4	5	6	7	8	9	0	a	b
19	1	2	3	4	5	6	7	8	9	0	a	b
20	1	2	3	4	5	6	7	8	9	0	a	b
21	1	2	3	4	5	6	7	8	9	0	a	b
22	1	2	3	4	5	6	7	8	9	0	a	b
23	1	2	3	4	5	6	7	8	9	0	a	b
24	1	2	3	4	5	6	7	8	9	0	a	b
25	1	2	3	4	5	6	7	8	9	0	a	b

④

・下の解答欄で解答する科目を，１科目だけマークしなさい。
・解答科目欄が無マーク又は複数マークの場合は，０点となります。

解答科目欄	
物理基礎	○
化学基礎	○
生物基礎	○
地学基礎	○

解答科目チェック欄

解答番号	解				答					欄		
	1	2	3	4	5	6	7	8	9	0	a	b
1	1	2	3	4	5	6	7	8	9	0	a	b
2	1	2	3	4	5	6	7	8	9	0	a	b
3	1	2	3	4	5	6	7	8	9	0	a	b
4	1	2	3	4	5	6	7	8	9	0	a	b
5	1	2	3	4	5	6	7	8	9	0	a	b
6	1	2	3	4	5	6	7	8	9	0	a	b
7	1	2	3	4	5	6	7	8	9	0	a	b
8	1	2	3	4	5	6	7	8	9	0	a	b
9	1	2	3	4	5	6	7	8	9	0	a	b
10	1	2	3	4	5	6	7	8	9	0	a	b
11	1	2	3	4	5	6	7	8	9	0	a	b
12	1	2	3	4	5	6	7	8	9	0	a	b
13	1	2	3	4	5	6	7	8	9	0	a	b
14	1	2	3	4	5	6	7	8	9	0	a	b
15	1	2	3	4	5	6	7	8	9	0	a	b
16	1	2	3	4	5	6	7	8	9	0	a	b
17	1	2	3	4	5	6	7	8	9	0	a	b
18	1	2	3	4	5	6	7	8	9	0	a	b
19	1	2	3	4	5	6	7	8	9	0	a	b
20	1	2	3	4	5	6	7	8	9	0	a	b
21	1	2	3	4	5	6	7	8	9	0	a	b
22	1	2	3	4	5	6	7	8	9	0	a	b
23	1	2	3	4	5	6	7	8	9	0	a	b
24	1	2	3	4	5	6	7	8	9	0	a	b
25	1	2	3	4	5	6	7	8	9	0	a	b

実戦問題集　理科基礎　解答用紙

B

注意事項

1　左右の解答欄で同一の科目を解答してはいけません。
2　訂正は，消しゴムできれいに消し，消しくずを残してはいけません。
3　所定欄以外にはマークしたり，記入したりしてはいけません。
4　汚したり，折りまげたりしてはいけません。

マーク例

良い例	悪い例
●	◌ ⊗ ◓ ◯

① 受験番号を記入し，その下のマーク欄にマークしなさい。

受験番号欄				
千位	百位	十位	一位	英字
–	0	0	0	A
1	1	1	1	B
2	2	2	2	C
3	3	3	3	H
4	4	4	4	K
5	5	5	5	M
6	6	6	6	R
7	7	7	7	U
8	8	8	8	X
9	9	9	9	Y
–	–	–	–	Z

A B C H K M R U X Y Z

受験番号マークチェック欄

② 氏名・フリガナ，試験場コードを記入しなさい。

フリガナ						
氏　名						
試験場コード	十万位	万位	千位	百位	十位	一位

氏名等チェック欄

③

・下の解答欄で解答する科目を，1科目だけマークしなさい。
・解答科目欄が無マーク又は複数マークの場合は，0点となります。

解答科目欄	
物理基礎	◯
化学基礎	◯
生物基礎	◯
地学基礎	◯

解答科目チェック欄

解答番号	解答欄											
	1	2	3	4	5	6	7	8	9	0	a	b
1	1	2	3	4	5	6	7	8	9	0	a	b
2	1	2	3	4	5	6	7	8	9	0	a	b
3	1	2	3	4	5	6	7	8	9	0	a	b
4	1	2	3	4	5	6	7	8	9	0	a	b
5	1	2	3	4	5	6	7	8	9	0	a	b
6	1	2	3	4	5	6	7	8	9	0	a	b
7	1	2	3	4	5	6	7	8	9	0	a	b
8	1	2	3	4	5	6	7	8	9	0	a	b
9	1	2	3	4	5	6	7	8	9	0	a	b
10	1	2	3	4	5	6	7	8	9	0	a	b
11	1	2	3	4	5	6	7	8	9	0	a	b
12	1	2	3	4	5	6	7	8	9	0	a	b
13	1	2	3	4	5	6	7	8	9	0	a	b
14	1	2	3	4	5	6	7	8	9	0	a	b
15	1	2	3	4	5	6	7	8	9	0	a	b
16	1	2	3	4	5	6	7	8	9	0	a	b
17	1	2	3	4	5	6	7	8	9	0	a	b
18	1	2	3	4	5	6	7	8	9	0	a	b
19	1	2	3	4	5	6	7	8	9	0	a	b
20	1	2	3	4	5	6	7	8	9	0	a	b
21	1	2	3	4	5	6	7	8	9	0	a	b
22	1	2	3	4	5	6	7	8	9	0	a	b
23	1	2	3	4	5	6	7	8	9	0	a	b
24	1	2	3	4	5	6	7	8	9	0	a	b
25	1	2	3	4	5	6	7	8	9	0	a	b

④

・下の解答欄で解答する科目を，1科目だけマークしなさい。
・解答科目欄が無マーク又は複数マークの場合は，0点となります。

解答科目欄	
物理基礎	◯
化学基礎	◯
生物基礎	◯
地学基礎	◯

解答科目チェック欄

解答番号	解答欄											
	1	2	3	4	5	6	7	8	9	0	a	b
1	1	2	3	4	5	6	7	8	9	0	a	b
2	1	2	3	4	5	6	7	8	9	0	a	b
3	1	2	3	4	5	6	7	8	9	0	a	b
4	1	2	3	4	5	6	7	8	9	0	a	b
5	1	2	3	4	5	6	7	8	9	0	a	b
6	1	2	3	4	5	6	7	8	9	0	a	b
7	1	2	3	4	5	6	7	8	9	0	a	b
8	1	2	3	4	5	6	7	8	9	0	a	b
9	1	2	3	4	5	6	7	8	9	0	a	b
10	1	2	3	4	5	6	7	8	9	0	a	b
11	1	2	3	4	5	6	7	8	9	0	a	b
12	1	2	3	4	5	6	7	8	9	0	a	b
13	1	2	3	4	5	6	7	8	9	0	a	b
14	1	2	3	4	5	6	7	8	9	0	a	b
15	1	2	3	4	5	6	7	8	9	0	a	b
16	1	2	3	4	5	6	7	8	9	0	a	b
17	1	2	3	4	5	6	7	8	9	0	a	b
18	1	2	3	4	5	6	7	8	9	0	a	b
19	1	2	3	4	5	6	7	8	9	0	a	b
20	1	2	3	4	5	6	7	8	9	0	a	b
21	1	2	3	4	5	6	7	8	9	0	a	b
22	1	2	3	4	5	6	7	8	9	0	a	b
23	1	2	3	4	5	6	7	8	9	0	a	b
24	1	2	3	4	5	6	7	8	9	0	a	b
25	1	2	3	4	5	6	7	8	9	0	a	b

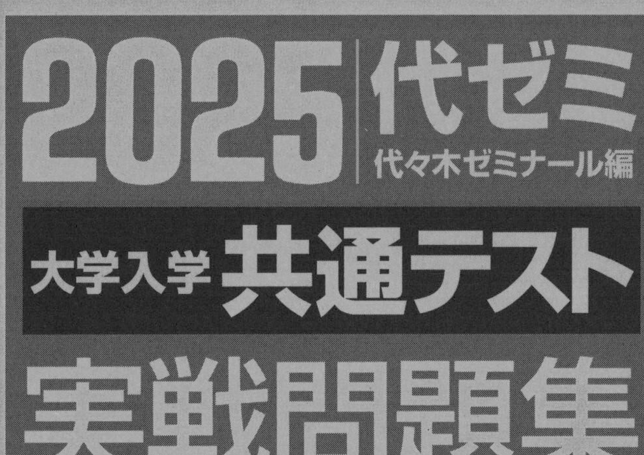

化学基礎＋生物基礎

解答・解説

化学基礎

第1回　解答と解説

<table>
<tr><th>問題番号(配点)</th><th>設問</th><th>解答番号</th><th>正解</th><th>(配点)</th><th>自己採点</th></tr>
<tr><td rowspan="9">第1問(30)</td><td>1</td><td>101</td><td>2</td><td>(2)</td><td></td></tr>
<tr><td>2</td><td>102</td><td>4</td><td rowspan="2">(各3)</td><td></td></tr>
<tr><td>3</td><td>103</td><td>3</td><td></td></tr>
<tr><td>4</td><td>104</td><td>3</td><td rowspan="3">(各4)</td><td></td></tr>
<tr><td>5</td><td>105</td><td>9</td><td></td></tr>
<tr><td>6</td><td>106</td><td>1</td><td></td></tr>
<tr><td>7</td><td>107</td><td>1</td><td>(3)</td><td></td></tr>
<tr><td>8</td><td>108</td><td>5</td><td>(4)</td><td></td></tr>
<tr><td>9</td><td>109</td><td>1</td><td>(3)</td><td></td></tr>
<tr><td colspan="5">自己採点小計</td><td></td></tr>
</table>

<table>
<tr><th>問題番号(配点)</th><th>設問</th><th>解答番号</th><th>正解</th><th>(配点)</th><th>自己採点</th></tr>
<tr><td rowspan="11">第2問(20)</td><td rowspan="4">1</td><td>110</td><td>2</td><td>(2)</td><td></td></tr>
<tr><td>111</td><td>2</td><td rowspan="3">(3)
(完答)</td><td></td></tr>
<tr><td>112</td><td>4</td><td></td></tr>
<tr><td>113</td><td>3</td><td></td></tr>
<tr><td>2</td><td>114</td><td>3</td><td>(2)</td><td></td></tr>
<tr><td rowspan="2">3</td><td>115</td><td rowspan="2">2・5</td><td rowspan="2">(各2)
(順不同)</td><td></td></tr>
<tr><td>116</td><td></td></tr>
<tr><td rowspan="2">4</td><td>117</td><td>3</td><td rowspan="2">(各3)</td><td></td></tr>
<tr><td>118</td><td>1</td><td></td></tr>
<tr><td rowspan="2">5</td><td>119</td><td>3</td><td rowspan="2">(3)
(完答)</td><td></td></tr>
<tr><td>120</td><td>0</td><td></td></tr>
<tr><td colspan="5">自己採点小計</td><td></td></tr>
</table>

自己採点合計

解　説

第１問（化学結合，量的関係，酸・塩基）

出題のねらい

化学結合や量的関係，酸・塩基などについて，それぞれの基礎的な知識を確認するため，様々な観点から幅広く出題した。

問１　カルシウムは原子番号が20なので，原子中に電子は20個含まれる。カルシウムは，2個の電子を放出してカルシウムイオンCa^{2+}になるので，イオン1個中の電子は$20-2=18$〔個〕である。

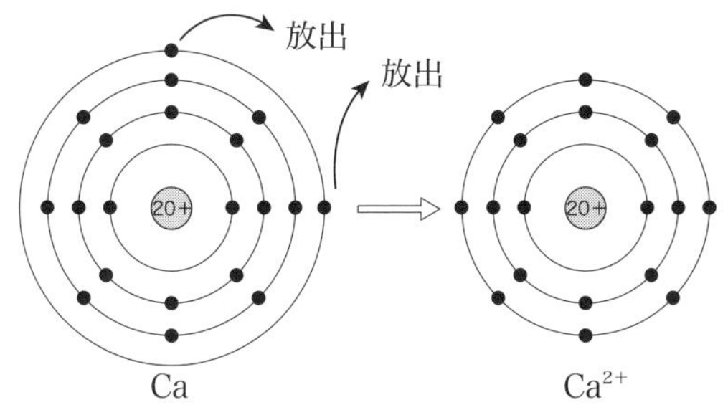

101 …②

☞原子番号1～20の原子

イオンになるときは18族の貴ガスと同じ電子配置を取る。

Li^{+}：He型

O^{2-}, F^{-}, Na^{+}, Mg^{2+}, Al^{3+}
：Ne型

S^{2-}，Cl^{-}，K^{+}，Ca^{2+}
：Ar型　　など

問２　非金属元素どうしは共有結合，非金属元素と金属元素間はイオン結合，金属元素どうしは金属結合で結びつく傾向がある。共有結合で結びついた物質のうち，分子からなる結晶を分子結晶，多数の原子が共有結合で結びついた結晶を共有結合の結晶という。また，イオン結合による結晶はイオン結晶，金属結合による結晶は金属結晶という。

① マグネシウムMgは金属元素，酸素Oは非金属元素で，酸化マグネシウムMgOの固体はイオン結晶である。

② 銀Agは金属元素で，銀Agの固体は金属結晶である。

③ ケイ素Siと酸素Oはいずれも非金属元素で，Si−O間は共有結合である。二酸化ケイ素SiO_2はケイ素原子と周囲4個の酸素原子が共有結合でつながり，SiO_4の四面体を基本単位とした立体網目構造をもった共有結合の結晶である。

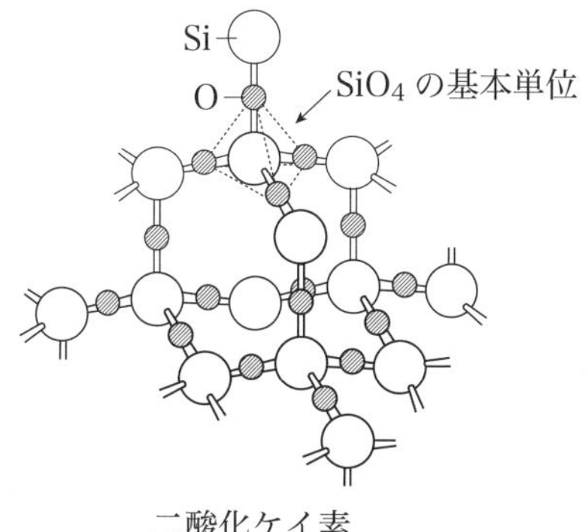

二酸化ケイ素

☞共有結合の結晶

共有結合の結晶のそのほかの例として，黒鉛Cやダイヤモンド C，ケイ素Siも覚えておきたい。

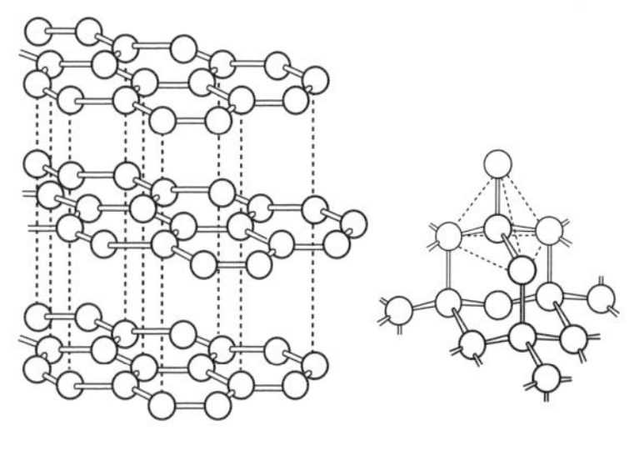

黒　鉛　　ダイヤモンド（ケイ素も同様の構造）

④　ヨウ素Ｉは非金属元素で，ヨウ素I_2は分子であり，固体は分子結晶である。ヨウ素I_2は昇華性をもつ。

102 …④

☞ヨウ素の他，同じ分子結晶である二酸化炭素の固体(ドライアイス)も昇華性をもつ。

問３　①　窒素は原子番号７で第２周期の元素だが，最も電気陰性度が大きいのは原子番号９のフッ素Ｆである。よって，この記述は誤り。

☞周期表上で，電気陰性度は貴ガスを除いて右上にいくほど大きくなり，フッ素で最大となる。

主な原子の電気陰性度の大きさは，

Ｆ＞Ｏ＞Cl＞Ｎ＞Ｃ＞Ｈ

②　分子が極性分子と無極性分子のいずれであるかは，構成原子の数および種類と，分子の形が大きく関係する。二原子分子の場合，H−H や Cl−Cl のように，結合に極性がない場合は，分子全体として極性をもたない。このような分子を無極性分子という。一方，H−F や H−Cl のように，結合に極性がある場合は，分子全体として極性をもつ。このような分子を極性分子という。二原子分子では結合の極性が分子の極性と一致するが，多原子分子では，分子の極性には分子の形が関係する。

分子の立体的な形は，分子を構成する原子および結合の種類によって決まり，それぞれの分子によって，直線形，折れ線形，三角すい形，正四面体形などさまざまである。覚えておきたい分子の形は次のようにまとめられる。

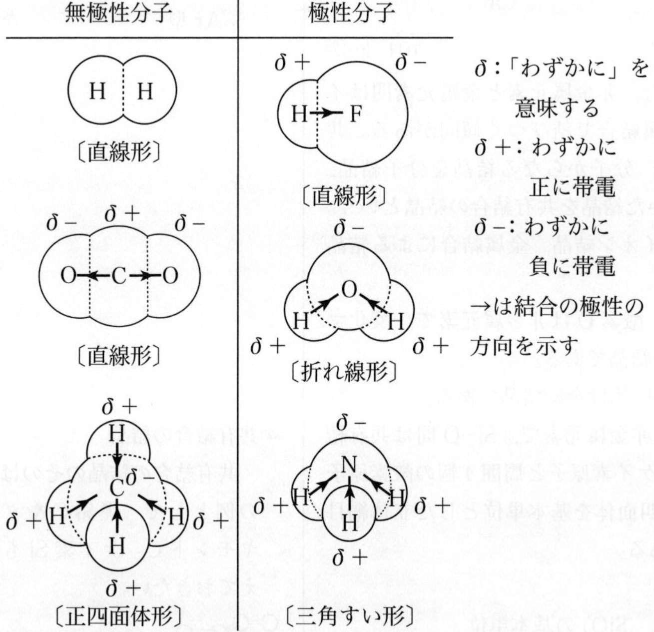

分子が極性分子か無極性分子かの判断の仕方は，以下のようにまとめられる。

・二原子分子 ─→ 同じ原子どうし ⇨ 無極性分子
　　　　　　 └→ 異なる原子 ⇨ 極性分子

・多原子分子 ─→ 結合の極性が打ち消し合う分子の形 ⇨ 無極性分子
　　　　　　 └→ 結合の極性が打ち消し合わない分子の形 ⇨ 極性分子

☞無極性分子と極性分子

・二酸化炭素 CO_2

C=O 結合には極性があるが，分子が直線形であり，２つの C=O 結合の極性は大きさが等しく，かつ方向が逆方向のため，互いに打ち消し合い，分子全体では無極性分子となる。

・水 H_2O

O−H 結合には極性があり，分子が折れ線形であるので，２つの O−H 結合の極性は打ち消し合わず，分子全体でも極性分子となる。

・メタン CH_4

C−H 結合には極性があるが，分子が正四面体形であり，４つの C−H 結合の極性は大きさが等しく，かつすべての結合の極性が全体として打ち消されるため，分子全体では無極性分子となる。

・アンモニア NH_3

N−H 結合には極性があり，分子が三角すい形であるので，３つの N−H 結合の極性は打ち消されず，分子全体でも極性分子となる。

窒素分子 N_2 は同じ原子どうしからなる二原子分子なので，無極性分子である。よって，この記述は誤り。

③ アンモニア分子の窒素原子の非共有電子対を水素イオンに提供すると，配位結合を形成し，次のようにアンモニウムイオンとなる。

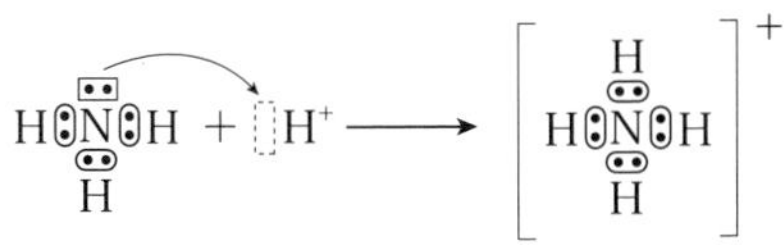

アンモニア　　　　　アンモニウムイオン

配位結合は，共有結合と比べてそのでき方が異なるだけで，できた配位結合は普通の共有結合と同じであり，どれが配位結合によってできた結合かは区別できない。よって，この記述は正しい。

④ アンモニア NH_3 は分子中に OH を含まないが，水に溶けると一部が水と次のように反応して水酸化物イオンを生じるため，弱塩基性を示す。よって，この記述は誤り。

$NH_3 + H_2O \rightleftarrows NH_4^+ + OH^-$

103 …③

問4 濃塩酸 1 L あたりで考える。濃塩酸 1 L 中の塩化水素(分子量 36.5)の質量は，

$\{12.0\,[\mathrm{mol/L}] \times 1.0\,[\mathrm{L}] \times 36.5\,[\mathrm{g/mol}]\}\,[\mathrm{g}]$

また，濃塩酸 1 L の質量は，

$\{1.20\,[\mathrm{g/cm^3}] \times 1000\,[\mathrm{cm^3}]\}\,[\mathrm{g}]$

したがって，求める質量パーセント濃度は，

$$\frac{12.0 \times 1.0 \times 36.5}{1.20 \times 1000} \times 100 = 36.5\,[\%]$$

☞ $1\,\mathrm{L} = 1000\,\mathrm{mL} = 1000\,\mathrm{cm^3}$

☞質量パーセント濃度

$$\frac{溶質の質量\,[\mathrm{g}]}{溶液の質量\,[\mathrm{g}]} \times 100\,[\%]$$

104 …③

問5 元素 **A** ～ **E** はそれぞれ次の元素となる。

A：He，**B**：Li，**C**：F，**D**：Al，**E**：K

ア，イ 陽性とは陽イオンのなりやすさ，陰性とは陰イオンのなりやすさであり，一般に，貴ガスを除いて周期表の左下に行くほど陽性が大きく，右上に行くほど陰性が大きくなる。**A**(He)は貴ガスでイオンにはなりにくく，原子番号 1 ～ 20 の中で最も陰性が強いのはフッ素 F である。また，原子番号 1 ～ 20 の中で最も陽性が強いのはカリウム K である。よって，これらの記述はいずれも誤り。

☞ 18 族：貴ガス

H　　　　　　　　He
Li Be B C N O F Ne
Na Mg Al Si P S Cl Ar
K Ca

（陰性 大：右上，陽性 大：左下）

ウ **C** は 17 族のフッ素 F なのでハロゲンである。よって，この記述は正しい。

☞ 17 族：ハロゲン

エ **D** はアルミニウム Al なので金属元素である。よって，この記述は誤り。

オ　Eはカリウム K なので，第4周期に属する。よって，この記述は正しい。

☞1族：H 以外はアルカリ金属

以上より，正しい記述はウ，オである。

105 …⑨

問6　M が希硫酸と反応し，2価の陽イオン M^{2+} になって溶けるときの化学反応式は，次のように表せる。

$$M + H_2SO_4 \longrightarrow MSO_4 + H_2$$

また，M が希硫酸と反応し，3価の陽イオン M^{3+} になって溶けるときの化学反応式は，次のように表せる。

$$2M + 3H_2SO_4 \longrightarrow M_2(SO_4)_3 + 3H_2$$

グラフより，3.00 mg の M が溶解すると，0℃，1.013×10^5 Pa で 2.80 mL の水素が発生することに注目する。ここで M が n 価（n＝2 または 3）の陽イオンに変化するとし，M の原子量を x とすると，次式が成り立つ。

$$\frac{3.00 \times 10^{-3}}{x} \times \frac{n}{2} \times 22.4 \times 10^3 = 2.80$$

$$x = 12n$$

これを満たすのは，$n=2$，$x=24$ の Mg である。

106 …①

問7　塩の水溶液の性質について，次のようにまとめられる。

〈塩の水溶液の性質〉

正塩の水溶液の性質は，その塩のもとの酸と塩基の強弱で判断する。

水溶液の性質		もとの酸		もとの塩基
酸　性	←	強酸	＋	弱塩基
NH_4Cl		HCl		NH_3
$CuSO_4$		H_2SO_4		$Cu(OH)_2$
塩基性	←	弱酸	＋	強塩基
CH_3COONa		CH_3COOH		NaOH
Na_2CO_3		H_2CO_3		NaOH
中　性	←	強酸	＋	強塩基
NaCl		HCl		NaOH
$CaCl_2$		HCl		$Ca(OH)_2$

※酸性塩の水溶液の性質

$NaHCO_3$　：H_2CO_3（弱酸）＋NaOH（強塩基）なので塩基性。

$NaHSO_4$　：H_2SO_4（強酸）＋NaOH（強塩基）だが，

$$NaHSO_4 \rightarrow Na^+ + H^+ + SO_4^{2-}$$

のように電離して H^+ を生じるため酸性。

☞正塩

酸の H も塩基の OH も残っていない塩

☞酸性塩

酸の H が残っている塩

上記の通り，正塩の水溶液の性質は，その塩をつくるもととなった酸・塩基の強弱によって決まる。

① 塩化アンモニウム NH_4Cl は正塩で，強酸である塩化水素と弱塩基であるアンモニアから生じる塩なので，水溶液は酸性を示す。

② 硝酸カリウム KNO_3 は正塩で，強酸である硝酸と強塩基である水酸化カリウムから生じる塩なので，水溶液は中性を示す。

③ 水酸化ナトリウム NaOH は強塩基なので，水溶液は塩基性を示す。

④ 炭酸水素ナトリウム $NaHCO_3$ は酸性塩で，弱酸である炭酸と強塩基である水酸化ナトリウムから生じる塩なので，水溶液は塩基性を示す。

☞上記のように，同じ酸性塩でも $NaHSO_4$ の水溶液は酸性を示す。

107 …①

問８ 全体の反応として，

アンモニアが受け取る H^+ の物質量と水酸化ナトリウムが放出する OH^- の物質量の和

＝ 希硫酸が放出する H^+ の物質量

が成り立つ。よって，アンモニアの物質量を x〔mol〕とすると，次式が成り立つ。

$$\underset{〔mol〕}{x}\times\underset{〔価〕}{1}+\underset{〔mol/L〕}{0.100}\times\underset{〔L〕}{\frac{40.0}{1000}}\times\underset{〔価〕}{1}=\underset{〔mol/L〕}{0.100}\times\underset{〔L〕}{\frac{45.0}{1000}}\times\underset{〔価〕}{2}$$

$x = 5.00\times10^{-3}$〔mol〕

☞価数に注意する。
アンモニアは１価の塩基
$NH_3 + H_2O \rightleftarrows NH_4^+ + OH^-$

したがって，求めるアンモニアの 0 ℃，1.013×10^5 Pa における体積は，

5.00×10^{-3}〔mol〕$\times 22.4\times10^3$〔mL/mol〕＝ 112〔mL〕

108 …⑤

問９ ① 銅は，亜鉛よりもイオン化傾向が小さいので，銅板を硫酸亜鉛水溶液に浸しても，反応は起こらない。よって，この記述は誤り。一方，亜鉛板を硫酸銅(Ⅱ)水溶液に浸すと，亜鉛が亜鉛イオン Zn^{2+} となって溶け出し，銅(Ⅱ)イオン Cu^{2+} が銅として亜鉛板に析出する。このときの反応は電子 e^- を用いて次のように表せる。

$Zn \longrightarrow Zn^{2+} + 2e^-$

$Cu^{2+} + 2e^- \longrightarrow Cu$

全体として，$Zn + Cu^{2+} \longrightarrow Zn^{2+} + Cu$ という反応式となる。

イオン化傾向と金属の反応性は重要なので，覚えておきたい。

☞イオン化傾向
金属が水溶液中で陽イオンになろうとする性質。イオン化傾向の大きい金属ほど，相手の物質に電子を与えて陽イオンになりやすい。

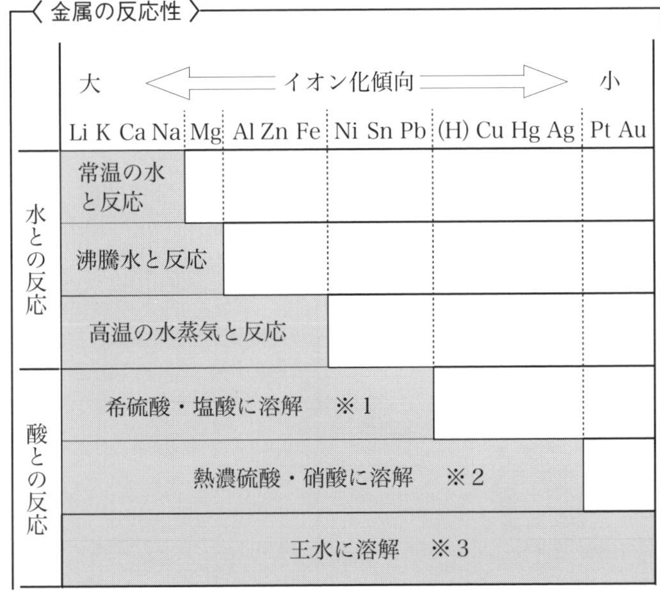

※1 Pb は表面に水に不要な $PbSO_4$ や $PbCl_2$ を生じるため，ほとんど溶けない。

※2 Al, Fe, Ni などは不動態を形成するため，濃硝酸には溶けない。

※3 Ag は王水には不溶性の AgCl をつくるため，溶けにくい。

② 銅片を濃硝酸に加えると，二酸化窒素 NO_2 を生じながら溶ける。よって，この記述は正しい。

$$Cu + 4HNO_3 \longrightarrow Cu(NO_3)_2 + 2NO_2 + 2H_2O$$

また，銅は希硝酸とは次のように反応し，一酸化窒素 NO を生じながら溶ける。

$$3Cu + 8HNO_3 \longrightarrow 3Cu(NO_3)_2 + 2NO + 4H_2O$$

③ 銅と亜鉛の合金は黄銅といい，硬貨や楽器に用いられている。よって，この記述は正しい。また，銅とスズの合金は青銅といい，銅とニッケルの合金は白銅という。

④ 銅の単体を工業的に製造するときは，黄銅鉱などの鉱石をコークスや石灰石とともに熱し，粗銅を得る。この粗銅を用いて電気分解をすることで，高純度の純銅を得る。これを電解精錬という。よって，この記述は正しい。

109 …①

☞不動態

金属の表面に緻密な酸化物の被膜ができて，内部が保護された状態。

☞イオン化傾向の小さい銅や銀は，塩酸や希硫酸とは反応しないが，酸化力の強い硝酸や熱濃硫酸とは反応して溶ける。

第２問（酸化・還元）

出題のねらい

溶存酸素など，教科書の本文には記されていない事項を題材にした問題について，リード文を読み，基本的な知識と組合せて酸化・還元などを考察できるかを試した。

問１　a　酸化数の決め方について次のようにまとめられる。

〈 酸化数の決め方 〉

単体

原子の酸化数は０

化合物

Ｈの酸化数は原則 +1

Ｏの酸化数は原則 −2

各原子の酸化数の総和は０

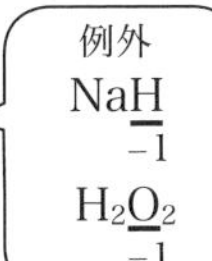

単原子イオン

イオンの価数と一致

多原子イオン

各原子の酸化数の総和はそのイオンの価数に一致

① Mn^{2+} の Mn の酸化数はイオンの価数と一致するので＋2である。よって，この記述は誤り。

② 化合物中の酸素Ｏの酸化数は−2，水素の酸化数は＋1なので，$Mn(OH)_2$ 中の Mn の酸化数を x とすると，次式が成り立つ。

$$x + (-2+1) \times 2 = 0$$

$$x = +2$$

よって，この記述は正しい。

③ 化合物中の酸素Ｏの酸化数は−2，水素の酸化数は＋1なので，$MnO(OH)_2$ 中の Mn の酸化数を y とすると，次式が成り立つ。

$$y + (-2) + (-2+1) \times 2 = 0$$

$$y = +4$$

よって，この記述は誤り。

④ 化合物中の酸素Ｏの酸化数は−2，水素の酸化数は＋1なので，$MnO_4{}^-$ 中の Mn の酸化数を z とすると，これらの酸化数の和がイオンの価数に一致することから，次式が成り立つ。

$$z + (-2) \times 4 = -1$$

$$z = +7$$

よって，この記述は誤り。

☞マンガンを含む水溶液の色

Mn^{2+}：ほぼ無色

$MnO_4{}^-$：赤紫色

過マンガン酸カリウムが酸性条件下で酸化剤としてはたらくときのマンガンの変化は $MnO_4{}^- \longrightarrow Mn^{2+}$ なので，過マンガン酸カリウムを用いる酸化還元滴定においては，指示薬を必要としない。

110 …②

b　式(2)は次の通り。

$$MnO(OH)_2 + \boxed{ア}\,I^- + \boxed{イ}\,H^+ \longrightarrow Mn^{2+} + I_2 + \boxed{ウ}\,H_2O$$

まずＩに注目すると，右辺のＩの数は２なので，左辺のＩも同数にするため，ア＝2となる。次に，左辺のＯの数は３なので，右辺のOも同数にするため，ウ＝3となる。最後に，左辺と右辺のHの数を同数にするため，イ＝xとすると，次式が成り立つ。

$1\times2+x=3\times2$

$x=4$

以上より，ア＝2，イ＝4，ウ＝3となる。

111…②，**112**…④，**113**…③

問2　中和滴定や酸化還元滴定に用いるガラス器具は，次のようにまとめられる。

〈滴定器具〉

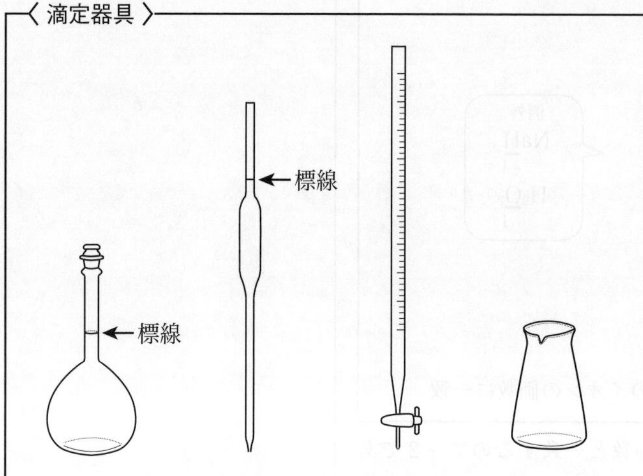

メスフラスコ　ホールピペット　ビュレット　コニカルビーカー

	使用目的	共洗い[※1]	加熱乾燥[※2]
メスフラスコ	正確な濃度の溶液を調製する	不要	×
ホールピペット	溶液を一定体積正確にはかり取る	要	×
ビュレット	溶液を滴下し，その体積を読み取る	要	×
コニカルビーカー	酸と塩基（または酸化剤と還元剤）の水溶液を反応させる	不要	○

※1 共洗い

器具の内部を，使用する溶液で2〜3回すすぐこと。水でぬれたままだと，溶液を入れた際に濃度が小さくなってしまうため行う。

逆に，溶質の物質量が重要になる操作で用いるメスフラスコやコニカルビーカーでは行わない。

※2 加熱乾燥

正確な体積をはかる目的の器具ではやってはいけない。加熱するとガラスが膨張して器具の体積が正確ではなくなってしまうからである。

☞駒込ピペットは正確な体積をはかりとれない。

これより，**操作Ⅳ**でチオ硫酸ナトリウム水溶液を入れる実験器具はビュレットである。

①，② 上記のまとめより，ビュレットが水でぬれているときは，用いるチオ硫酸ナトリウム水溶液で内部を数回すすぐ。また，ビュレットは正確な体積をはかる器具なので，加熱乾燥してはいけない。よって，①，②の記述はいずれも正しい。

③ ビュレットは一番上の目盛りが0で，下に行くにつれて大きい値が記されている。よって，この記述は誤り。

☞メスシリンダーやビーカーなどの目盛りは下に行くにつれて小さい値が記されている。

④ ビュレットに溶液を入れた後，下部の先端まで溶液で満たされていることを確認してから滴定を行う。これは，先端まで満たされていない状態(空気が入った状態)で滴定を行うと，実際より滴下量が大きくなってしまい，実験結果に誤差が生じるからである。よって，この記述は正しい。

114 …③

問3 ① 河川水中の溶存酸素量が多いと，式(1)で生成する褐色沈殿である $MnO(OH)_2$ の量も多くなる。よって，この記述は正しい。

② 式(2)では，I^- は I_2 に変化している。**問1 a**で記した酸化数の求め方にしたがえば，それぞれのIの酸化数は，I^- は -1，I_2 は0である。I^- は酸化されたので，還元剤としてはたらいている。よって，この記述は誤り。

③ 式(3)では，I_2 は I^- に変化しているので，酸化数の変化は $0 \to -1$ であり，このときの反応は $I_2 + 2e^- \to 2I^-$ で表される。I_2 は還元される，つまり電子を受け取っているので，反応の相手である $S_2O_3^{2-}$ は電子を放出している。よって，この記述は正しい。なお，チオ硫酸イオンは還元剤として以下のように反応する。

$$2S_2O_3^{2-} \longrightarrow S_4O_6^{2-} + 2e^-$$

☞還元剤・酸化剤の定義

還元剤		酸化剤
酸化される	⇔	還元される
受け取る	酸素O	失う
失う	水素H	受け取る
失う	電子e	受け取る
増加する	酸化数	減少する

④ 河川水中の溶存酸素量が多いと，式(1)で生成する褐色沈殿である $MnO(OH)_2$ の量も多くなる。$MnO(OH)_2$ の量が多くなると，式(2)で生成する I_2 の量も多くなる。I_2 の量が多くなれば，式(3)で必要となる $Na_2S_2O_3$ の量も多くなる。よって，この記述は正しい。

⑤ 式(3)より，反応する I_2 と $Na_2S_2O_3$ の物質量比は1：2であるので，**操作Ⅲ**で生じたヨウ素の物質量は**操作Ⅳ**で反応したチオ硫酸ナトリウムの物質量の半分である。よって，この記述は誤り。

115 ・ 116 …②，⑤

問4 式(1)～(3)をたどって考える。河川水中の溶存酸素の物質量を x〔mol〕とすると，式(1)の係数比より，生じる $MnO(OH)_2$ は $2x$〔mol〕である。次に，式(2)の係数比より，生じる I_2 は $2x$〔mol〕であり，最後に，式(3)の係数比より，必要となる $Na_2S_2O_3$ は $4x$〔mol〕とわかる。よって，式(3)で反応したチオ硫酸ナトリウムの1/4の物質量が，式(1)で反応した酸素(分子量32)の物質量となる。したがって，採取直後のDOは，

$$0.025\,〔\mathrm{mol/L}〕\times\frac{3.50}{1000}〔\mathrm{L}〕\times\frac{1}{4}\times 32\times 10^3〔\mathrm{mg/mol}〕\times\frac{1000}{100}$$

☞ DOは河川水1Lあたりの数値であることに注意。

$= 7.0$〔mg/L〕

同様に，5日後のDOは，

$$0.025\,〔\mathrm{mol/L}〕\times\frac{1.90}{1000}〔\mathrm{L}〕\times\frac{1}{4}\times 32\times 10^3〔\mathrm{mg/mol}〕\times\frac{1000}{100}$$

$= 3.8$〔mg/L〕

117…③，**118**…①

☞溶存酸素量はチオ硫酸ナトリウム水溶液の滴下量に比例するので，5日後のDOは次のように求めても良い。

$$7.0\times\frac{1.90}{3.50}=3.8〔\mathrm{mg}〕$$

問5　5日間で消費された酸素の物質量は，河川水1Lあたり，

$$\frac{(7.0-3.8)\times 10^{-3}}{32}=1.00\times 10^{-4}〔\mathrm{mol}〕$$

式(4)より，係数比 $C_6H_{12}O_6 : O_2 = 1 : 6$ なので，分解されたグルコース(分子量180)の質量は，

$$1.00\times 10^{-4}\times\frac{1}{6}\times 180\times 10^3=3.0〔\mathrm{mg}〕$$

119…③，**120**…⓪

第 2 回　解答と解説

問題番号(配点)	設問	解答番号	正解	(配点)	自己採点
第1問 (30)	1	101	3	(各 2)	
	2	102	3		
	3	103	1	(3)	
	4	104	1	(4)	
	5	105	2	(3)	
	6	106	1	(各 4)	
	7	107	3		
	8	108	3		
		109	4		
自己採点小計					

問題番号(配点)	設問	解答番号	正解	(配点)	自己採点
第2問 (20)	1	110	2	(各 3)	
	2	111	2		
	3	112	2		
	4	113	7		
		114	6	(各 4)	
	5	115	6		
自己採点小計					

自己採点合計

解　説

第１問（化学結合，量的関係，酸・塩基，酸化還元）

出題のねらい

化学結合や量的関係，酸・塩基，酸化還元など，それぞれの基礎的な知識を確認するため，様々な観点から幅広く出題した。

問１　構造式は以下の通り。

① H−C≡N

② N≡N

③ O=C=O

④
```
   H
   |
H−C−H
   |
   H
```

よって，二重結合をもつ分子は，二酸化炭素 CO_2 である。

101 …③

問２　電子配置より，**ア**はC，**イ**はF，**ウ**はMg，**エ**はS，**オ**はArであるとわかる。

① CとSは CS_2 という分子を形成するため，1：2で結びつく。よって，この記述は正しい。

☞CS：一硫化炭素もある。

② Fは17族元素であるためハロゲンである。よって，この記述は正しい。

☞17族：ハロゲン

③ Mgは2個の電子を失って，2価の陽イオンである Mg^{2+} になりやすい。よって，この記述は誤り。

④ Arは貴ガスであるため，その単体は単原子分子として存在する。よって，この記述は正しい。

☞18族：貴ガス

102 …③

問３　① イオン化エネルギーは原子が1価の陽イオンになるときに必要なエネルギーであり，その値が大きいほど，陽イオンになりにくい。よって，この記述は誤り。

② 電子親和力は，原子が1価の陰イオンになるときに放出するエネルギーである。よって，この記述は正しい。

③ 一般に，典型元素の電気陰性度は貴ガスを除き，原子番号が増加するにつれ大きくなる。よって，この記述は正しい。

☞周期表上で，電気陰性度は貴ガスを除いて右上にいくほど大きくなり，フッ素で最大となる。

主な原子の電気陰性度の大きさは，

F＞O＞Cl＞N＞C＞H

④ 第3周期の元素の原子のうち，価電子数が最も多いのは7個の価電子をもつ塩素である。よって，この記述は正しい。

103 …①

問４　**ア**　硝酸銀水溶液を加え白色沈殿が生じることから，化合物中には塩化物イオン Cl^- が存在しているとわかる。なお，生じた白色沈殿は塩化銀 $AgCl$ である。

イ　黄緑色の炎色反応をしめすことから，化合物中にバリウム Ba が存在しているとわかる。

以上より，化合物の化学式は $BaCl_2$ と決まる。

104 …①

問5 それぞれの物質量は以下の通り。

① $\frac{1.0}{100}$〔mol〕×3＝0.030〔mol〕

② $\frac{0.84}{22.4}$〔mol〕×2＝0.075〔mol〕

③ 0.10〔mol/L〕×$\frac{400}{1000}$〔L〕＝0.040〔mol〕

④ $\frac{1.5\times10^{22}}{6.0\times10^{23}}$〔mol〕＝0.025〔mol〕

よって，物質量が最も大きいのは②である。

105 …②

問6 マグネシウムと希塩酸の反応は以下の通り。

$Mg + 2HCl \longrightarrow MgCl_2 + H_2$

0.24 g のマグネシウムが塩酸と過不足なく反応するとき，発生する水素の体積が最大となる。0.24 g のマグネシウム（原子量 24）の物質量は，

$\frac{0.24}{24}$＝0.010〔mol〕

過不足なく反応するために必要な希塩酸の体積を v〔mL〕とすると，

$0.010\times2 = 0.10\times\frac{v}{1000}$

v＝200〔mL〕

そのとき発生する水素の体積は 0℃，1.013×10^5 Pa において，

$0.010\times22.4\times10^3$＝224〔mL〕

よって，正しいグラフは①となる。

106 …①

問7 塩の水溶液の性質について，次のようにまとめられる。

〈塩の水溶液の性質〉

正塩の水溶液の性質は，その塩のもとの酸と塩基の強弱で判断する。

水溶液の性質		もとの酸		もとの塩基
酸　性	←	強酸	＋	弱塩基
NH_4Cl		HCl		NH_3
$CuSO_4$		H_2SO_4		$Cu(OH)_2$
塩基性	←	弱酸	＋	強塩基
CH_3COONa		CH_3COOH		NaOH
Na_2CO_3		H_2CO_3		NaOH
中　性	←	強酸	＋	強塩基
NaCl		HCl		NaOH
$CaCl_2$		HCl		$Ca(OH)_2$

※酸性塩の水溶液の性質

$NaHCO_3$ ：H_2CO_3（弱酸）＋NaOH（強塩基）なので塩基性。

$NaHSO_4$ ：H_2SO_4（強酸）＋NaOH（強塩基）だが，

$NaHSO_4 \rightarrow Na^+ + H^+ + SO_4^{2-}$

のように電離して H^+ を生じるため酸性。

① アンモニアは水中で以下のように電離する。

$NH_3 + H_2O \rightleftarrows NH_4^+ + OH^-$

ブレンステッドの定義ではH^+を受けとると塩基なので，NH_3は塩基としてはたらいている。よって，この記述は誤り。

② 炭酸水素ナトリウム$NaHCO_3$は酸性塩であるが，その水溶液は弱塩基性を示す。よって，この記述は誤り。

☞酸性塩とは，酸のHが残っている塩。同じ酸性塩でも$NaHSO_4$の水溶液は酸性を示す。

③ 希塩酸は1価の強酸，希硫酸は2価の強酸であるため，同濃度の希塩酸と希硫酸では，希塩酸の方が水素イオン濃度が小さく，pHが大きい。よって，この記述は正しい。

④ 酢酸水溶液と水酸化ナトリウム水溶液の滴定の中和点は塩基性であるため，指示薬としてフェノールフタレインを用いる。よって，この記述は誤り。

107 …③

問８ a ① MnO_4^-はe^-を受け取っているため，$KMnO_4$はH_2O_2に対して酸化剤としてはたらく。よって，この記述は正しい。

② 希硫酸の代わりに希塩酸を用いると，HClが$KMnO_4$により酸化されるため，終点までに必要な過マンガン酸カリウム水溶液の滴下量が増加する。よって，この記述は正しい。

③ 滴定の終点では，未反応の$KMnO_4$がわずかに残るため，溶液の色が無色から赤紫色に変化する。よって，この記述は誤り。

☞マンガンを含む水溶液の色

Mn^{2+}：ほぼ無色

MnO_4^-：赤紫色

過マンガン酸カリウムが酸化剤であるときのマンガンの変化は$MnO_4^- \rightarrow Mn^{2+}$なので，過マンガン酸カリウムを用いる酸化還元滴定においては，指示薬を必要としない。

④ 過マンガン酸カリウム$KMnO_4$の代わりにヨウ化カリウムKIを加えると，H_2O_2が酸化剤として，KIが還元剤として以下のように反応し，I_2が生成する。よって，この記述は正しい。

(酸化剤)$H_2O_2 + 2H^+ + 2e^- \longrightarrow 2H_2O$ (1)

(還元剤)$2I^- \longrightarrow I_2 + 2e^-$ (2)

(1)＋(2)より，

$H_2O_2 + 2H^+ + 2I^- \longrightarrow I_2 + 2H_2O$

108 …③

b 市販のオキシドール中の過酸化水素(分子量34)濃度をx (mol/L)とすると，酸化剤が受け取る電子の物質量と還元剤が渡す電子の物質量が等しいことから，

$$5 \times 0.010\,[\text{mol/L}] \times \frac{36.0}{1000}\,[\text{L}] = 2 \times \frac{x}{10}\,[\text{mol/L}] \times \frac{10.0}{1000}\,[\text{L}]$$

$x = 0.90\,[\text{mol/L}]$

質量パーセント濃度は，

$$\frac{0.90 \times 34}{1.0 \times 1000} \times 100 = 3.06 \fallingdotseq 3.1\,[\%]$$

109 …④

第２問 (酸化・還元)

出題のねらい

鉄の製錬など，典型的な事項でもリード文を読み，基本的な知識と組合せて酸化・還元について考察できるかを試した。

問１　イオン化傾向と金属の反応性は重要なので，覚えておきたい。

〈金属の反応性〉

<table>
<tr><td></td><td colspan="6">大 ⇐ イオン化傾向 ⇒ 小</td></tr>
<tr><td></td><td>Li K Ca Na</td><td>Mg</td><td>Al Zn Fe</td><td>Ni Sn Pb</td><td>(H) Cu Hg Ag</td><td>Pt Au</td></tr>
<tr><td rowspan="3">水との反応</td><td>常温の水と反応</td><td></td><td></td><td></td><td></td><td></td></tr>
<tr><td colspan="2">沸騰水と反応</td><td></td><td></td><td></td><td></td></tr>
<tr><td colspan="3">高温の水蒸気と反応</td><td></td><td></td><td></td></tr>
<tr><td rowspan="3">酸との反応</td><td colspan="4">希硫酸・塩酸に溶解　※1</td><td></td><td></td></tr>
<tr><td colspan="5">熱濃硫酸・硝酸に溶解　※2</td><td></td></tr>
<tr><td colspan="6">王水に溶解　※3</td></tr>
</table>

※1　Pb は表面に水に不溶な $PbSO_4$ や $PbCl_2$ を生じるため，ほとんど溶けない。

※2　Al，Fe，Ni などは不動態を形成するため，濃硝酸には溶けない。

※3　Ag は王水には不溶性の AgCl をつくるため，溶けにくい。

① 銅は希硝酸に加えると，一酸化窒素 NO を発生しながら溶解する。

$$3Cu + 8HNO_3 \longrightarrow 3Cu(NO_3)_2 + 2NO + 4H_2O$$

よって，この記述は正しい。

② 鉄は濃硝酸に加えても，不動態を形成するため溶けない。よって，この記述は誤り。

③ アルミニウムは希塩酸に加えると，水素 H_2 を発生しながら溶解する。よって，この記述は正しい。

$$2Al + 6HCl \longrightarrow 2AlCl_3 + 3H_2$$

④ 銅，鉄，アルミニウムはいずれも，常温の水には溶解しない。よって，この記述は正しい。

110 …②

☞イオン化傾向の小さい銅や銀は，塩酸や希硫酸とは反応しないが，酸化力の強い硝酸や熱濃硫酸とは反応して溶ける。

☞不動態

金属の表面に緻密な酸化物の被膜ができて，内部を保護する状態。

問2　イオン化傾向の異なる2種類の金属板を電解液に浸すと，イオン化傾向の大きい金属が酸化され電子を放出し，イオン化傾向の小さな金属が電子を受け取りその表面で還元反応が起こる。

①　電流の流れる方向から，金属Xが正極，金属Yが負極であるとわかる。よって，この記述は正しい。

②　正極である金属Xでは還元反応が，負極である金属Yでは酸化反応が起こる。よって，この記述は誤り。

③　正極である金属Xのイオン化傾向は，負極である金属Yよりも小さい。よって，この記述は正しい。

④　金属Yは酸化されることで溶解するため，その質量は減少する。よって，この記述は正しい。

111 …②

☞イオン化傾向
金属が水溶液中で陽イオンになろうとする性質。イオン化傾向の大きい金属ほど，相手の物質に電子を与えて陽イオンになりやすい。

問3　①　銅は赤みを帯びた光沢をもつ金属である。よって，この記述は正しい。

②　銅は銀に次いで2番目に電気を良く通す金属である。よって，この記述は誤り。

③　純度の高い銅は，粗銅と純銅を電極として硫酸銅(Ⅱ)水溶液を電気分解する電解精錬を行うことで得られる。よって，この記述は正しい。

④　銅とスズを混ぜ合わせた合金を青銅といい，青銅器などに使われてきた。よって，この記述は正しい。

112 …②

問4　**a**　鉄の製錬では，酸化鉄(Ⅲ)を一酸化炭素により還元することで鉄の単体が得られる。その反応式は以下の通り。

$$Fe_2O_3 + 3CO \longrightarrow 2Fe + 3CO_2$$

113 …⑦

b　式(1)より，Fe_2O_3(式量160) 1 mol を還元するために必要な CO は 3 mol である。また，コークスから CO を得る式は右の通りであるため，CO を 3 mol 得るために必要な C(原子量12)も 3 mol である。必要なコークスの質量を x〔kg〕とすると，

☞ $2C + O_2 \longrightarrow 2CO$

$$\frac{1000 \times 10^3 \times 0.96}{160} \times 3 = \frac{x \times 10^3}{12}$$

$x = 216$〔kg〕

114 …⑥

問5　式(2)より，0.20 mol の電子が流れたときに析出するアルミニウムの質量は，

$$0.20 \times \frac{1}{3} \times 27 = 1.80〔g〕$$

よって，この値を通る正しいグラフは⑥である。

115 …⑥

第3回　解答と解説

問題番号(配点)	問題番号(配点)	解答番号	正解	(配点)	自己採点
第1問(30)	1	101	1	(各3)	
	2	102	1		
	3	103	4		
	4	104	5		
	5	105	4	(各4)	
	6	106	1		
	7	107	3	(各3)	
	8	108	4		
		109	3	(4)	
				自己採点小計	

問題番号(配点)	設問	解答番号	正解	(配点)	自己採点
第2問(20)	1	110	3	(3)	
	2	111	4	(2)	
	3	112	7	(各3)	
	4	113	2		
	5	114	4	(3)完全解	
		115	4		
		116	2		
		117	3	(3)	
	6	118	7	(3)完全解	
		119	2		
				自己採点小計	

自己採点合計

解説

第1問（基礎事項の小問集合）

第1問は物質の構成，物質の変化に関する基本的な小問を中心に出題した。一部，考察的なものも含まれるが，ほとんどが基本問題なので，失点しないようにしたい。

問1　1価の陽イオンA$^+$は電子を54個もつ。A$^+$は原子Aが電子を1個放出したものなので，原子Aは，

$54+1=55$(個)

の電子をもつ。原子では，

電子数＝陽子数＝原子番号

が成り立つので，Aの陽子数は55である。ここで，

質量数＝陽子数＋中性子数

が成り立ち，原子Aは質量数が133なので，原子Aがもつ中性子数は，

中性子数＝質量数－陽子数

$=133-55=78$(個)

101 …①

問2　①　塩化水素は，水素原子と塩素原子が共有結合して塩化水素分子を形成している。塩化水素の結晶は，塩化水素分子が分子間力によって結びついて生じた分子結晶である。水素イオンと塩化物イオンからなるイオン結晶ではないので，この記述は誤り。

②　二酸化ケイ素は，1個のケイ素原子に4個の酸素原子が共有結合して正四面体構造をつくり，その構造が三次元的に広がって共有結合の結晶を形成している。

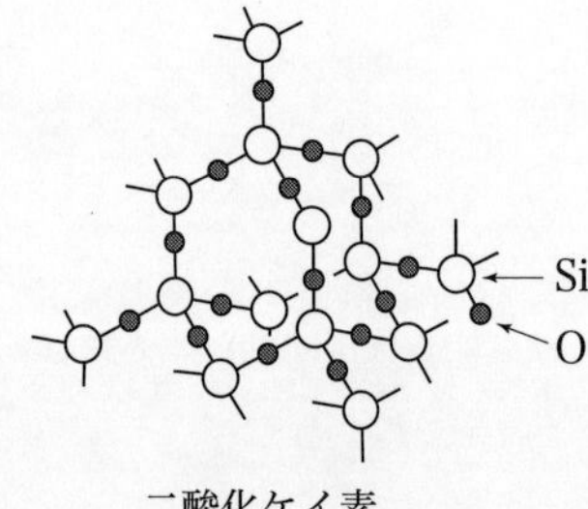

二酸化ケイ素

よって，この記述は正しい。

③　二酸化炭素分子は，炭素原子を中心として，2個の酸素原子が共有結合(二重結合)で結びついた構造をしている。二酸化炭素の結晶(ドライアイス)は，二酸化炭素分子が分子間力で結びついて生じた分子結晶である。

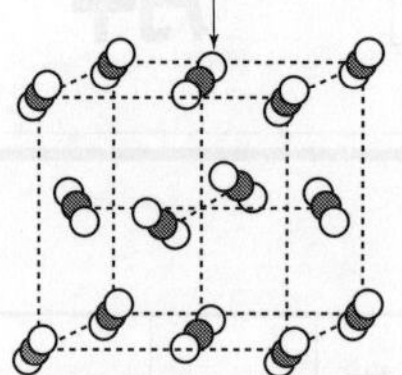

よって，この記述は正しい。

④　塩化ナトリウムの結晶では，ナトリウムイオンと塩化物イオンが静電気的な力で引き合い，規則正しく並んでイオン結晶を形成している。

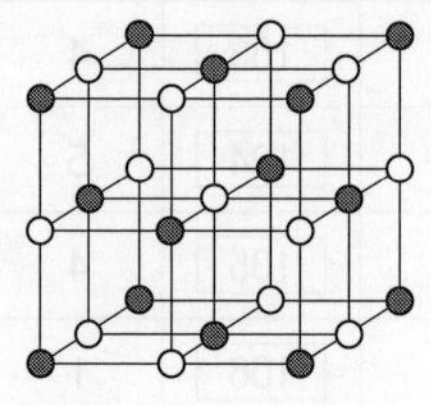

よって，この記述は正しい。

102 …①

問3　ア　周期表の第3周期までの元素のうち，常温・常圧で単体が気体であるものは，次の太線で囲まれた元素である。

周期＼族	1	2	13	14	15	16	17	18
1	H							He
2	Li	Be	B	C	N	O	F	Ne
3	Na	Mg	Al	Si	P	S	Cl	Ar

よって，第2周期と第3周期の元素の単体が気体であるのは，17族のハロゲンと18族の貴ガスである。ここで，貴ガスはすべての元素の単体が気体である。一方，17族のハロゲンの単体は，第4周期の臭素 Br_2 が液体，第5周期のヨウ素 I_2 が固体である。よって，この記述は17族の元素に関する記述とわかる。

イ　第2周期の元素の水素化合物が三角錐形の分子をつくるのは15族の窒素で，水素化合物はアンモニア NH_3 である。アンモニアは分子間に水素結合がはたらく。よって，この記述は15族に関する記述である。

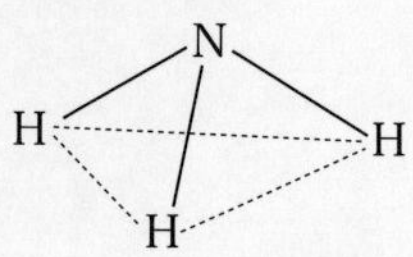

アンモニア分子

ウ　地殻，人体，海水について，構成元素を，質量パーセントが多い順にあげると次のようになる。

	1番目	2番目	3番目
地殻	O(47%)	Si(28%)	Al(8%)
人体	O(63%)	C(20%)	H(9%)
海水	O(86%)	H(11%)	Cl(2%)

いずれも質量パーセントが最も大きいのは第2周期，16族の酸素である。よって，この記述は16族に関する記述である。

以上より，ア－17族，イ－15族，ウ－16族なので，④が正解である。

103 … ④

問4　メタンが完全燃焼するときの化学反応式は，次の式①で表される。

$CH_4 + 2O_2 \rightarrow CO_2 + 2H_2O$　　①

塩化カルシウムに吸収された水の質量より，燃焼により生じた水(分子量18)の物質量は，

$H_2O = \dfrac{7.2}{18} = 0.40\,(\text{mol})$

式①より，燃焼によって生じた二酸化炭素の物質量は，生じた水の物質量の半分なので，

$CO_2 = 0.40 \times \dfrac{1}{2} = 0.20\,(\text{mol})$

燃焼後の二酸化炭素と未反応の酸素からなる混合気体の0℃，1.013×10^5 Pa における体積が5.6 L だから，燃焼後の混合気体中の気体の総物質量は，

$\dfrac{5.6}{22.4} = 0.25\,(\text{mol})$

これより，燃焼後に残った酸素の物質量は，

$0.25 - 0.20 = 0.05\,(\text{mol})$

式①より，反応によって消費された酸素の物質量は，生じた水の物質量に等しく0.40 mol である。

よって，最初に密閉容器に入れた酸素は，反応した物質量と残った物質量の和なので，

$0.40 + 0.05 = 0.45\,(\text{mol})$

となる。

104 … ⑤

問5　酸化還元反応を考えるときには，まず酸化数を調べる。酸化数の原則は次のとおり。

・単体中の原子⇨0　　・化合物⇨総和0

・化合物中では，

{ 1族金属元素⇨＋1　2族元素⇨＋2
  水素⇨＋1(NaH などでは －1)
  酸素⇨－2(H_2O_2 などでは －1)

・単原子イオン⇨イオンの電荷

・多原子イオン⇨構成原子の総和はイオンの価数

ここで，酸素，水素，電子，酸化数と，酸化・還元の関係は次のようになる。

	酸素	水素	電子	酸化数
酸化された(相手を還元＝還元剤)	得る	失う	失う	増加
還元された(相手を酸化＝酸化剤)	失う	得る	得る	減少

よって，上記の原則に従って **a**～**c** に含まれる原子の酸化数変化を求め，各物質が酸化剤・還元剤のいずれとしてはたらいているかを調べればよい。

a　左辺　SO_2 の S：＋4，H_2S の S：－2

右辺　S：0

酸化数変化は，SO_2 の S：＋4→0，H_2S の S：－2→0 なので，SO_2 は酸化剤，H_2S は還元剤としてはたらいている。

b　左辺　SO_2 の S：＋4，H_2O_2 の O：－1

右辺　H_2SO_4 の S：＋6，O：－2

酸化数変化は，SO_2の S：＋4→＋6，H_2O_2 の O：－1→－2 なので，SO_2 は還元剤，H_2O_2 は酸化剤としてはたらいている。

c　左辺　H_2S の S：－2，H_2O_2 の O：－1

右辺　S：0，H_2O の O：－2

酸化数変化は，H_2S の S：－2→0，H_2O_2 の O：－1→－2 なので，H_2S は還元剤，H_2O_2 は酸化剤としてはたらいている。

以上より，酸化剤としてはたらいているものは，

a：SO_2，**b**：H_2O_2，**c**：H_2O_2

なので，正解は④である。

105 … ④

問6　① お土産のお菓子の箱に入っているシリカゲルは，水分を吸収することで食品が湿気を帯びることを防いでいる。すなわち，シリカゲルは乾燥剤であり，乾燥防止剤ではないので，この記述は誤り。

② お茶の成分は酸化されやすいものが多いが，より酸化を受けやすいビタミンCを加えることで，お茶の成分の酸化を遅らせている。よって，この記述は正しい。

ビタミンC
(アスコルビン酸)

③ 塩化カルシウムは凝固点を下げるはたらき(凝固点降下)があるため，道路の凍結防止剤として用いられる。よって，この記述は正しい。

④ 油で揚げられたスナック菓子には，油が酸素によって劣化するのを防ぐために，袋の中に化学的に不活性な窒素が充填されている。よって，この記述は正しい。

106 … ①

問7 水溶液A～Cの水素イオン濃度は，以下のとおり。

A 塩酸は1価の強酸で，完全に電離していると考えてよいので，水素イオン濃度はモル濃度に等しく 0.025 mol/L である。

B 塩酸と酢酸ナトリウム水溶液はモル濃度と体積が等しいので，混合後は次の反応が過不足なく起こり，酢酸水溶液が生じる。

$CH_3COONa + HCl \rightarrow CH_3COOH + NaCl$

混合により，体積が2倍になるので，生じた酢酸水溶液は 0.025 mol/L である。酢酸は弱酸なので，溶液中の水素イオン濃度は 0.025 mol/L よりもかなり小さい。

C 硫酸は2価の強酸，水酸化ナトリウムは1価の強塩基で，モル濃度と体積は等しいので，混合後の水溶液は酸性である。よって，混合後の水溶液の水素イオン濃度は，

$$\left(0.10\times\frac{50}{1000}\times2-0.10\times\frac{50}{1000}\right)\times\frac{1000}{100}$$
$$=0.050(\mathrm{mol/L})$$

以上より，水素イオン濃度の大きさは，次のようになる。

C ＞ A ＞ B

ここで，$[H^+]$，$[OH^-]$，pH の関係は，次の図のようになる。

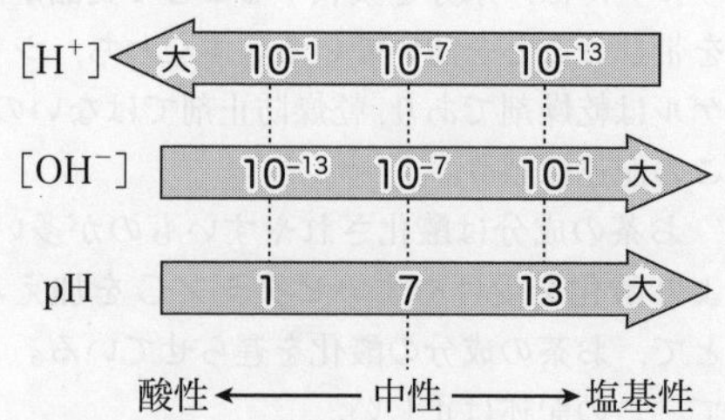

上図のように，水素イオン濃度が大きいほど，pH は小さくなるので，pH の大きさは，次のようになる。

B ＞ A ＞ C

よって，正解は③である。

107 … ③

問8 a 図2のガスバーナーにおいて，ねじⅠ，Ⅱのうち，上のねじⅠは空気調節ねじで，下のねじⅡはガス調節ねじである。

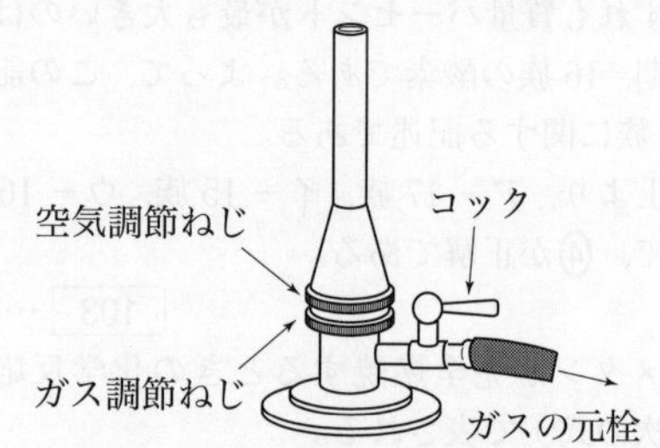

ガスバーナーを使うときには，まず，ガスの元栓を開け，続いてコックを開ける。次にマッチ(またはガスライター)に火をつけ，ガスの出口に炎を近づけ，ガス調節ねじを開けてガスバーナーに点火する。このとき，ガス調節ねじを開けた後にマッチに火をつけると，火がうまくつかなかったときにガスがどんどん広がってしまい危険である。

次にガス調節ねじが動かないようにおさえて，空気調節ねじだけを少しずつあけていく。これにより，供給される酸素が増加し，炎が黄色から青色になり，炎の温度も高くなっていく。

ガスバーナーを消すときは，逆に空気調節ねじ，ガス調節ねじ，コック，元栓の順に閉める。

以上より，空欄アには「Ⅱ」，イには「(い)」，ウには「Ⅰ」が入るので，正解は④である。

108 … ④

b 表1より，ステンレス皿に載せた金属Aの質量は，

11.2－10.0＝1.2(g)

加熱後に生じたAの酸化物の質量は，

12.0－10.0＝2.0(g)

同様に，ステンレス皿に載せた金属Bの質量は，

14.0－10.0＝4.0(g)

加熱後に生じたBの酸化物の質量は，

15.0－10.0＝5.0(g)

この結果より，金属Aは酸化によって，質量が，

$$\frac{2.0}{1.2}=\frac{5.0}{3.0}\text{(倍)} \qquad ①$$

になり，金属Bは酸化によって，質量が，

$$\frac{5.0}{4.0}\text{(倍)} \qquad ②$$

になる。

次に混合金属Cについて，ステンレス皿に載せた混合金属Cの質量は，

$16.8-10.0=6.8\text{(g)}$

加熱後に生じた酸化物の質量は，

$20.0-10.0=10.0\text{(g)}$

ここで，6.8 g の混合金属Cに含まれる金属Aの質量を x(g)とすると，金属Bの質量は $6.8-x$(g)と表される。混合金属Cの酸化によって，質量が 10.0 g になったことから，Aには①の倍率，Bには②の倍率を適用すると，次の等式が成り立つ。

$$x\times\frac{5.0}{3.0}+(6.8-x)\times\frac{5.0}{4.0}=10.0$$

これを解くと，$x=3.6$(g)となる。

109 … ③

第2問 (酸化還元反応)

第2問は，水質汚濁を表す指標であるCODを題材として，酸化還元反応や実験に関する問題を出題した。共通テストでは，このような実験を題材とした考察問題が出題されるので，問題集等で類題の演習を強化しておこう。

問1　過マンガン酸カリウムは強い酸化作用をもつため，試料水中の塩化物イオンを酸化する。したがって，試料水中から塩化物イオンを除いておかないと，消費される過マンガン酸カリウムの量が増加し，CODの測定値が実際の値よりも大きくなってしまう。

以上より，正解は③である。

110 … ③

問2　表面張力により，細管内の液体の表面がつくる曲面をメニスカスといい，水や水溶液の場合には，下の図 i のような凹型の曲面となり，水銀の場合には図 ii のような凸型の曲面となる。

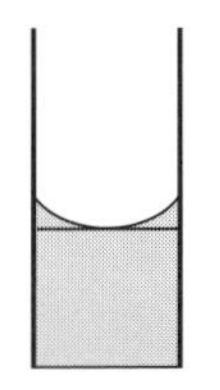

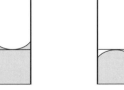

図 i　凹型　　　図 ii　凸型

ホールピペットに水溶液を入れた場合，凹型のメニスカスの下面を標線に合わせる。一方，水銀柱の場合，凸型のメニスカスの上面の目盛りを読み取る。よって，正解は④である。

111 … ④

問3　操作Ⅲでは，試料水中の有機物を完全に酸化するため，図1のように，Aを酸化するのに必要な量よりも過剰にBを加えている。よって，過マンガン酸カリウムは残っているので，操作Ⅲ終了後の溶液は過マンガン酸カリウムの色である赤紫色を示す。よって，空欄イには「赤紫色」が入る。

操作Ⅳでは，残っている過マンガン酸カリウムCを還元するのに必要な量よりも過剰にシュウ酸ナトリウムDを加えている。これにより，溶液中の過マンガン酸カリウムは完全に還元されるので，溶液は無色になる。よって，空欄ウには「無色」が入る。

操作Ⅴでは，残ったシュウ酸ナトリウムEに過マンガン酸カリウムFを滴下して酸化している。このとき，シュウ酸ナトリウムがすべて酸化されてなくなった後，微量の過マンガン酸カリウムが滴下され，溶液の色が無色から，わずかに赤紫色になったときを滴定の終点としている。よって，空欄エには「淡赤紫色」が入る。

以上より，イ－赤紫色，ウ－無色，エ－淡赤紫色なので，正解は⑦である。

112 … ⑦

問4　操作Ⅳで加えたシュウ酸ナトリウムと操作Ⅲで加えた過マンガン酸カリウムが過不足なく反応することから，操作Ⅳで加えたシュウ酸ナトリウムが放出する電子の物質量と，操作Ⅲで加えた過マンガン酸カリウムが受け取る電子の物質量は等しい。したがって，操作Ⅳで加えた 5.00×10^{-3} mol/L のシュウ酸ナトリウム水溶液の体積を x(mL)とすると，式(2)よりシュウ酸ナトリウム 1 mol は 2 mol の電子を放出し，式(1)より，過マンガン酸カリウム 1 mol は 5 mol の電子を受け取るので，次の等式が成り立つ。

$$5.00\times10^{-3}\times\frac{x}{1000}\times2$$
$$=5.00\times10^{-3}\times\frac{10.0}{1000}\times5$$

これを解くと，$x=25.0$(mL)

113 … ②

問5　a　式(4)の左辺の O_2 中のOの酸化数は0で，右辺の H_2O 中のOの酸化数は -2 である。

したがって，O_2 中の O は1原子当たり2個の電子を受け取り，O_2 は1分子当たり $2\times2=4$ 個の電子を受け取っている。よって，空欄カには4が入る。

O_2+ [オ] $H^+ + 4e^- \rightarrow$ [キ] H_2O

両辺の電荷を揃えるために，空欄オには4が入る。

$O_2+4H^+ + 4e^- \rightarrow$ [キ] H_2O

両辺の H と O の数を揃えるために，空欄キには2が入る。

$O_2+4H^+ + 4e^- \rightarrow 2H_2O$

[114] … ④，[115] … ④，[116] … ②

b　1 mol の $KMnO_4$ と n(mol) の O_2 が受け取る電子の物質量が等しいとすると，式(1)と式(4)より，次の等式が成り立つ。

$1\times5=n\times4$

これより，

$n=\frac{5}{4}$(mol)

[117] … ③

問6　問4のように，操作Ⅳで加えた $Na_2C_2O_4$ と操作Ⅲで加えた $KMnO_4$ は過不足なく反応する。したがって，下図の②の物質量と③の物質量は等しい。ここで，問題文の図2のように，①＋②＝③＋④が成り立つので，②＝③のとき，①＝④である。

有機物が放出した e^- の物質量 ①	操作Ⅳで加えた $Na_2C_2O_4$ が放出した e^- の物質量 ②

（②と③は等しい）

操作Ⅲで加えた $KMnO_4$ が受け取った e^- の物質量 ③	操作Ⅴで加えた $KMnO_4$ が受け取った e^- の物質量 ④

よって，試料水 100 mL に含まれる有機物を酸化するのに要する $KMnO_4$ の物質量は，操作Ⅴで加えた $KMnO_4$ の物質量に等しい。その値は，

$KMnO_4=5.00\times10^{-3}\times\frac{3.60}{1000}$(mol)

問5で求めたように，1 mol の $KMnO_4$ は $\frac{5}{4}$ mol の O_2 に相当するので，試料水 100 mL 中の有機物を酸化するのに要する O_2 の物質量は，

$O_2=5.00\times10^{-3}\times\frac{3.60}{1000}\times\frac{5}{4}$(mol)

COD は試料水 1.0 L 中に含まれる有機物を酸化するのに要する O_2(分子量 32.0) の質量(mg) なので，用いた試料水の COD の値は，

$$5.00\times10^{-3}\times\frac{3.60}{1000}\times\frac{5}{4}\times\frac{1000}{100}\times32.0\times10^3$$

$=7.2$(mg/L)

[118] … ⑦，[119] … ②

第4回　解答と解説

問題番号(配点)	設問	解答番号	正解	(配点)	自己採点
第1問 (30)	1	101	2	(各2)	
	2	102	4		
	3	103	3	(3)(完全解)	
		104	0		
	4	105	5	(2)	
	5	106	3	(各3)	
	6	107	3		
	7	108	3		
		109	7		
	8	110	4		
	9	111	1		
		112	6		
自己採点小計					

問題番号(配点)	設問	解答番号	正解	(配点)	自己採点
第2問 (20)	1	113	2	(各4)	
	2	114	6		
	3	115	2		
	4	116	1		
	5	117	3		
自己採点小計					

自己採点合計

解　説

第１問（物質の構成，物質量，酸・塩基）

出題のねらい

物質の三態，原子やイオンの構造，周期律，化学結合，塩の液性に関する基礎事項が身についているか確認した。また，計算問題では，物質量や濃度の計算方法を理解しているかを試した。

問１　化学結合には，イオン結合，共有結合，金属結合がある。

イオン結合は，陽イオンと陰イオンが静電気的な引力(クーロン力)によって引き合ってできる結合である。

（例）　塩化ナトリウム NaCl

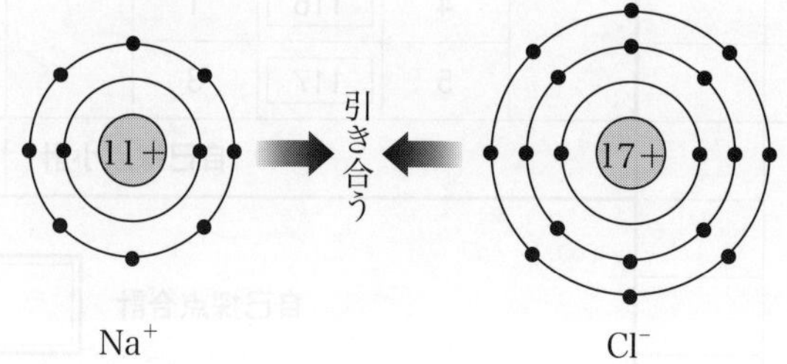

☞単原子イオンの電子配置は，原子番号が最も近い貴ガス(希ガス)原子の電子配置と同じ場合が多い。Na^+ は Ne，Cl^- は Ar と同じ電子配置である。

共有結合は，原子どうしが価電子を出し合い，互いに共有してつくられる結合である。

（例）　塩化水素 HCl

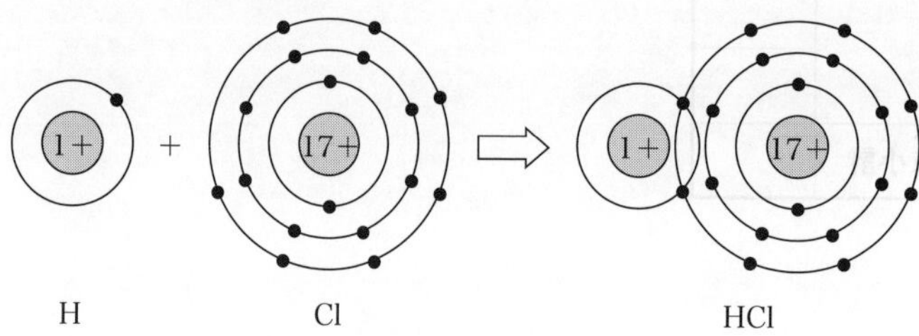

☞水素原子はヘリウム原子に，塩素原子はアルゴン原子に似た安定した電子配置になる。

金属結合は，自由電子による金属原子どうしの結合である。金属原子の価電子は，特定の原子に所属することなく，すべての原子によって共有されている。このような電子を自由電子と呼ぶ。

一般に，原子間の結合は金属元素と非金属元素の組合せによって，次の化学結合を形成する。

〈 原子間の結合 〉

金属元素の原子と非金属元素の原子の結合 ⇨ イオン結合
非金属元素の原子と非金属元素の原子の結合 ⇨ 共有結合
金属元素の原子と金属元素の原子の結合 ⇨ 金属結合

①　鉄は，金属元素の鉄の原子どうしが自由電子によって結合し，金属結合を形成している。

②　硫化水素 H_2S は，非金属元素の水素の原子と非金属元素の硫黄の原子が価電子を出し合い，共有結合を形成している。

③　金属元素の銀の原子は電子を放出し，銀イオン Ag^+ になる。一

方，非金属元素のフッ素の原子は電子を受け取り，フッ化物イオン F^- になる。フッ化銀 AgF は，Ag^+ と F^- が静電気的な引力で引き合い，イオン結合を形成している。

④　ケイ素 Si は，非金属元素のケイ素の原子どうしが価電子を共有し，共有結合を形成している。

☞ケイ素の構造

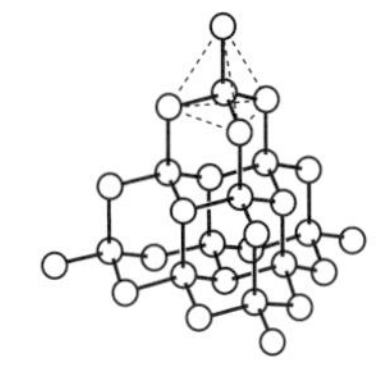

⑤　硝酸カリウム KNO_3 は，カリウムイオン K^+ と硝酸イオン NO_3^- が静電気的な引力で引き合い，イオン結合を形成している。また，硝酸イオン中の窒素原子と酸素原子は，いずれも非金属元素の原子で共有結合で結合している。

101 …②

問 2　物質の三態に関して次にまとめる。固体から液体への状態変化を融解，液体から気体への状態変化を蒸発，気体から液体への状態変化を凝縮，液体から固体への状態変化を凝固，固体から気体への状態変化を昇華，気体から固体への状態変化を凝華という。

☞気体が直接固体になる状態変化も含めて昇華とよぶ場合がある。

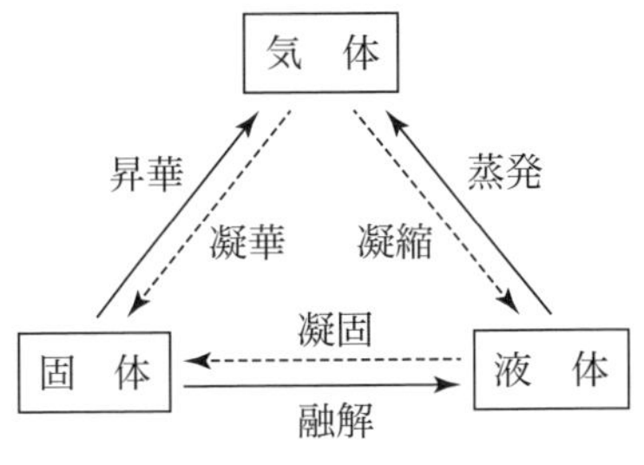

①　上述のように気体から液体への状態変化を凝縮という。よって，この記述は正しい。

②　液体から固体への状態変化では，熱を放出する。よって，この記述は正しい。

③，④　物質を構成する粒子は，その状態(固体，液体，気体)に関わらず常に運動している。このような運動を熱運動という。粒子の熱運動は温度が高くなるほど活発になる。気体状態では，粒子の熱運動が激しく，空間を飛び回っているため，粒子間の距離は大きい。一方，固体状態では，粒子は熱運動しているが，相互の位置が変わらないため，粒子間の距離は小さい。

よって，③の記述は正しく，④の記述は誤り。

⑤　固体，液体，気体の間の変化は，物質の種類は変わらずに状態だけが変化する。このような変化を物理変化という。これに対し，燃焼反応などのように物質が別の物質に変わる変化を化学変化という。よって，この記述は正しい。

102 …④

問3　原子Aが2価の陽イオンA^{2+}になるとき，電子を2個放出する。A^{2+}の電子の数が23なので，原子Aの電子の数は，

$23+2=25$

原子の電子の数は，陽子の数および原子番号に等しい。また，原子の質量数，中性子の数，陽子の数の間には，次の関係が成り立つ。

（質量数）＝（中性子の数）＋（陽子の数）

よって，質量数が55のAの中性子の数は，

$55-25=30$

☞原子（電気的に中性）が電子を放出すると，陽イオンになり，電子を受け取ると，陰イオンになる。

103 …③，104 …⓪

問4　**ア**はリチウムLi，**イ**はネオンNe，**ウ**はマグネシウムMg，**エ**はリンP，**オ**は塩素Clである。

① 周期表のH以外の1族元素をアルカリ金属という。リチウムは1族元素であり，アルカリ金属に分類される。よって，この記述は正しい。

② 同じ元素の単体で性質が異なる物質を互いに同素体という。同素体が存在する元素には，炭素C，酸素O，硫黄S，リンPなどがある。

炭素：ダイヤモンド，黒鉛，フラーレンなど
酸素：酸素O_2，オゾンO_3
硫黄：斜方硫黄，単斜硫黄，ゴム状硫黄など
リン：赤リン，黄リンなど

☞ダイヤモンドは電気を通さないが，黒鉛は電気を通す。

☞赤リンは化学的に安定であるが，黄リンは空気中で自然発火するので，水中に保存する。

よって，**エ**のリンには同素体が存在するので，この記述は正しい。

③ 1，2，13～18族は典型元素，3～12族は遷移元素と呼ばれる。**ア**～**オ**の元素はすべて典型元素であるので，この記述は正しい。

☞12族元素を典型元素に含める場合がある。

④ 原子から電子1個を取り去り，一価の陽イオンにするのに必要なエネルギーをイオン化エネルギーという。一般に，同周期では右にいくほど，同族では上にいくほどイオン化エネルギーは大きくなる。つまり，周期表の右上の方がイオン化エネルギーが大きくなる。

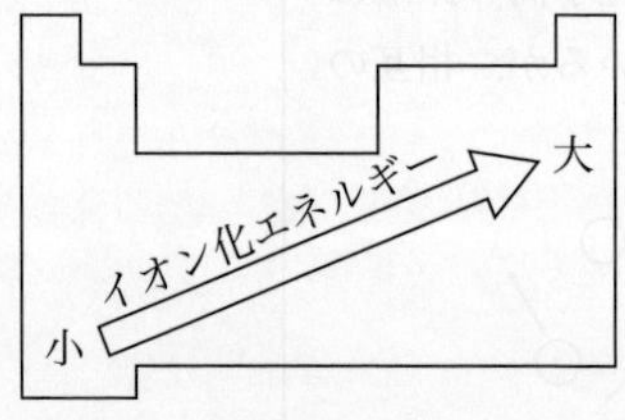

よって，**ア**～**オ**のうち，イオン化エネルギーが最も大きいのは**イ**のネオンなので，この記述は正しい。

⑤ **ア**～**オ**のうち，常温常圧で単体が固体であるものはリチウム，マグネシウム，リンの3つである。常温常圧で単体が気体であるものはネオン，塩素の2つである。よって，この記述は誤り。

105 …⑤

問5　**ア**　物質量と0℃，1.013×10^5 Paにおける気体の体積の間に

は，次の関係が成り立つ。

$$物質量〔mol〕=\frac{0℃,\ 1.013\times10^5\ Pa における気体の体積〔L〕}{22.4\ L/mol}$$

0℃，1.013×10^5 Pa における体積が 2.8 L のアンモニアの物質量は，

$$\frac{2.8}{22.4}=0.125〔mol〕$$

イ　物質量と物質の質量の間には，次の関係が成り立つ。

$$物質量〔mol〕=\frac{物質の質量〔g〕}{モル質量〔g/mol〕}$$

☞モル質量は，原子量や分子量，式量の数値に単位 g/mol をつけた量である。

5.1 g の酸化アルミニウム Al_2O_3(式量 102)の物質量は，

$$\frac{5.1}{102}=0.050〔mol〕$$

1 mol の Al_2O_3 に含まれる Al^{3+} の物質量は 2 mol，O^{2-} の物質量は 3 mol である。よって，0.050 mol の Al_2O_3 に含まれる O^{2-} の物質量は，

$$0.050 \times 3=0.15〔mol〕$$

ウ　物質量と物質を構成する単位粒子の数の間には，次の関係が成り立つ。

$$物質量〔mol〕=\frac{物質を構成する単位粒子の数}{アボガドロ定数〔/mol〕}$$

1 mol のメタン CH_4 に含まれる炭素原子は 1 mol，水素原子は 4 mol である。アボガドロ定数は 6.0×10^{23}/mol なので，1.8×10^{23} 個の水素原子を含むメタンの物質量は，

$$\frac{1.8\times10^{23}}{6.0\times10^{23}}\times\frac{1}{4}=0.075〔mol〕$$

よって，**ア**～**ウ**の下線部の数値を大きい順に並べると，**イ**＞**ア**＞**ウ**となるので，③が正解である。

106 …③

問6　**ア**　正塩の水溶液の液性について次にまとめる。

〈正塩の液性〉

正塩の構成	水溶液の液性	例
強酸＋強塩基	中性	NaCl，Na_2SO_4，KNO_3
強酸＋弱塩基	酸性	NH_4Cl，$CuSO_4$
弱酸＋強塩基	塩基性	CH_3COONa，Na_2CO_3

☞塩の分類
正塩：酸の H も塩基の OH も残っていない塩
酸性塩(水素塩)：酸の H が残っている塩
塩基性塩：塩基の OH が残っている塩

酢酸ナトリウム CH_3COONa は，弱酸の酢酸 CH_3COOH と強塩基の水酸化ナトリウム NaOH からなる塩なので，水溶液の液性は塩基性を示す。

【発展】酢酸ナトリウムは水溶液中で，次のようにほぼ完全に電離する。

$$CH_3COONa \longrightarrow CH_3COO^- + Na^+$$

生じた酢酸イオンの一部は，次のように水と反応して酢酸分子となる。

$CH_3COO^- + H_2O \rightleftarrows CH_3COOH + OH^-$

その結果，水酸化物イオンOH^-が水素イオンH^+より多くなるため，水溶液は塩基性を示す。このように弱酸の塩から生じたイオンが水と反応してもとの弱酸を生じる変化を，塩の加水分解という。

☞塩の加水分解は，オのNH_4Clのような弱塩基の塩でも起こる。

イ　塩化カリウムKClは，強酸の塩化水素HClと強塩基の水酸化カリウムKOHからなる塩なので，水溶液は中性を示す。

ウ　炭酸ナトリウムNa_2CO_3は，弱酸の炭酸H_2CO_3と強塩基の水酸化ナトリウムNaOHからなる塩なので，水溶液は塩基性を示す。

エ　硫酸水素ナトリウム$NaHSO_4$は水溶液中で，次のように電離する。

☞硫酸水素ナトリウムは酸性塩である。

$NaHSO_4 \longrightarrow Na^+ + H^+ + SO_4^{2-}$

水素イオンが生じるので，水溶液は酸性を示す。

オ　塩化アンモニウムNH_4Clは，強酸の塩化水素HClと弱塩基のアンモニアNH_3からなる塩なので，水溶液は酸性を示す。

【発展】塩化アンモニウムは水溶液中で，次のようにほぼ完全に電離する。

$NH_4Cl \longrightarrow NH_4^+ + Cl^-$

生じたアンモニウムイオンの一部は，次のように水と反応してアンモニア分子となる。

$NH_4^+ + H_2O \rightleftarrows NH_3 + H_3O^+$

その結果，オキソニウムイオンH_3O^+（水素イオンH^+）が水酸化物イオンOH^-より多くなるため，水溶液は酸性を示す。

以上より，塩の水溶液が酸性を示すものは，エ，オである。

107 …③

問7　**ア**　水V〔mL〕の質量は，V〔g〕である。この水にw〔g〕のXを溶かしたので，溶液の質量は，

☞水の密度は$1.0\ g/cm^3$である。

$w + V$〔g〕

溶液の密度はd〔g/cm^3〕なので，その体積は，

☞体積〔mL〕$= \dfrac{質量〔g〕}{密度〔g/cm^3〕}$

$\dfrac{w+V}{d}$〔mL〕

イ　モル濃度は，次のように求められる。

$$モル濃度〔mol/L〕= \frac{溶質の物質量〔mol〕}{溶液の体積〔L〕}$$

Xのモル質量はM〔g/mol〕なので，w〔g〕のXの物質量は，

$\dfrac{w}{M}$〔mol〕

溶液のモル濃度は，

$$\frac{w}{M} \times \frac{1}{\dfrac{w+V}{d} \times 10^{-3}} = \frac{1000dw}{M(w+V)}〔mol/L〕$$

108 …③，109 …⑦

問8　水溶液中における酸や塩基の電離の程度は，電離度で表される。

$$電離度 = \frac{電離した酸（塩基）の物質量〔mol〕（または濃度）}{溶解した酸（塩基）の物質量〔mol〕（または濃度）}$$

一価の弱酸 HA は，次のように電離する。

$$HA \rightleftarrows A^- + H^+ \qquad (1)$$

HA の水溶液の pH が 3.0 であることから，水素イオン濃度は 1.0×10^{-3} mol/L となる。式(1)より，A^- と H^+ の物質量は等しいので，A^- のモル濃度も 1.0×10^{-3} mol/L となり，電離した HA は 1.0×10^{-3} mol/L となる。溶解した HA のモル濃度は 0.10 mol/L なので，HA の電離度 α は，

$$\alpha = \frac{1.0 \times 10^{-3}}{0.10} = 1.0 \times 10^{-2}$$

110 …④

☞水素イオン濃度$[H^+] = 1.0 \times 10^{-n}$〔mol/L〕のとき，pH＝$n$ となる。

問 9　亜鉛に塩酸を加えると，次のように水素が発生する。

$$Zn + 2\,HCl \longrightarrow ZnCl_2 + H_2$$

条件を変える前の亜鉛と塩酸が過不足なく反応したときの反応した亜鉛の物質量を n〔mol〕とすると，反応した塩酸中の塩化水素の物質量は $2n$〔mol〕，発生した水素の物質量は n〔mol〕となる。

ア　条件を変える前，亜鉛と過不足なく反応したときの塩酸のモル濃度を c〔mol/L〕，体積を V〔L〕とすると，塩酸のモル濃度を 2 倍にしたときの塩酸のモル濃度は $2c$〔mol/L〕と表せる。亜鉛と過不足なく反応するのに必要な $2c$〔mol/L〕の塩酸の体積を x〔L〕とすると，条件を変える前と後で亜鉛と過不足なく反応する塩化水素の物質量は同じであるので，次の等式が成り立つ。

$$c \times V = 2c \times x \qquad x = \frac{1}{2}V〔L〕$$

このように塩酸のモル濃度を 2 倍にすると，亜鉛と過不足なく反応するときに加えた塩酸の体積は，条件を変える前の半分になる。

塩酸のモル濃度を 2 倍にしても亜鉛の量は n〔mol〕で変わらないので，発生する水素の物質量は n〔mol〕となり，その体積は条件を変える前と変わらない。よって，グラフは①となる。

イ　亜鉛の質量を 2 倍にする，つまり亜鉛の物質量を 2 倍にすると，亜鉛と過不足なく反応する塩酸中の塩化水素の物質量も 2 倍になる。条件を変える前，亜鉛と過不足なく反応したときの塩酸のモル濃度を c〔mol/L〕，体積を V〔L〕とする。また，条件を変えた後の亜鉛と過不足なく反応するのに必要な塩酸の体積を x〔L〕とすると，条件を変える前と後で次の等式が成り立つ。

$$c \times V \times 2 = c \times x \qquad x = 2V〔L〕$$

このように亜鉛の質量を 2 倍にすると，過不足なく反応するときに加えた塩酸の体積は，条件を変える前の 2 倍となる。

亜鉛の物質量が $2n$〔mol〕となるので，発生する水素の物質量は $2n$〔mol〕となり，その体積は条件を変える前の2倍となる。よって，グラフは⑥となる。

111 …①，112 …⑥

第２問（酸化・還元）

出題のねらい

過マンガン酸カリウムとクエン酸の酸化還元滴定を題材にして，酸化剤と還元剤の量的関係を正しく把握できているかを試した。また，滴定器具の使い方，終点における溶液の色の変化に関する知識の習得度を試した。

問１　酸化数の決め方について次にまとめる。

〈酸化数の決め方〉

単体 ⇨ 0　化合物 ⇨ 総和 0
単原子イオン ⇨ 価数
多原子イオン ⇨ 総和が価数に等しい
化合物中では
　アルカリ金属＝＋1　アルカリ土類金属＝＋2
　水素＝＋1（NaH などでは－1）
　酸素＝－2（H_2O_2 などでは－1）

過マンガン酸イオン MnO_4^- の Mn の酸化数を x とすると，多原子イオンの酸化数の総和は価数に等しいので，次式が成り立つ。

$$x+(-2)\times 4=-1$$

これを解くと，$x=+7$

マンガン（Ⅱ）イオン Mn^{2+} は単原子イオンなので，Mn の酸化数は価数に等しく，＋2 となる。

よって，マンガン原子の酸化数は＋7 から＋2 に変化しているので，5 減る。

113 …②

問２　化学反応では，原子の種類や原子の数は変化しないので，反応式の左辺と右辺で各元素の原子の数はそれぞれ等しくなる。

クエン酸のイオン反応式は次のように表される。

$$C_6H_8O_7+a\,H_2O \longrightarrow b\,CO_2+c\,H^++c\,e^- \quad (2)$$

式(2)の左辺の $C_6H_8O_7$ の係数は 1 である。右辺に炭素原子は CO_2 にしか含まれていないので，係数 b は 6 となる。

$$C_6H_8O_7+a\,H_2O \longrightarrow 6\,CO_2+c\,H^++c\,e^- \quad (3)$$

式(3)の右辺の酸素原子は 12 である。左辺に酸素原子は $C_6H_8O_7$ と H_2O に含まれるので，係数 a は 12－7＝5 となる。

$$C_6H_8O_7+5\,H_2O \longrightarrow 6\,CO_2+c\,H^++c\,e^- \quad (4)$$

式(4)の左辺の水素原子は 8＋10＝18 であるので，係数 c は 18 となる。なお，両辺の電荷は等しいので，電子 e^- の係数も 18 となる。

$$C_6H_8O_7+5\,H_2O \longrightarrow 6\,CO_2+18\,H^++18\,e^- \quad (5)$$

【別　解】

酸化剤と還元剤のイオン反応式のつくり方は次のとおり。

① 酸化数の変化した物質を書く。
② 酸化数の変化に相当する分の電子 e^- を書き加える。

③　両辺の電荷を合わせるように，水素イオン H^+ を書き加える。

④　両辺の酸素原子の数を揃えるように，水 H_2O を書き加える。

これにならい，クエン酸のイオン反応式を立てる。

①　$C_6H_8O_7 \longrightarrow 6\,CO_2$

②　$C_6H_8O_7$ の C の酸化数は $+1$，CO_2 の C の酸化数は $+4$ である。酸化数は 3 増加し，炭素数は 6 なので，電子 e^- は 18 放出されている。

$$C_6H_8O_7 \longrightarrow 6\,CO_2 + 18\,e^-$$

③　$C_6H_8O_7 \longrightarrow 6\,CO_2 + 18\,H^+ + 18\,e^-$

④　酸素原子の数が左辺で 7，右辺で 12 なので，左辺に $5\,H_2O$ を加える。

$$C_6H_8O_7 + 5\,H_2O \longrightarrow 6\,CO_2 + 18\,H^+ + 18\,e^-$$

114 …⑥

☞ $C_6H_8O_7$ の C の酸化数を x とする。
$x \times 6 + (+1) \times 8 + (-2) \times 7 = 0$
これを解くと，$x = +1$
CO_2 の C の酸化数を y とする。
$y + (-2) \times 2 = 0$
これを解くと，$y = +4$

問 3　滴定器具を次にまとめる。

〈滴定などで用いる実験器具〉

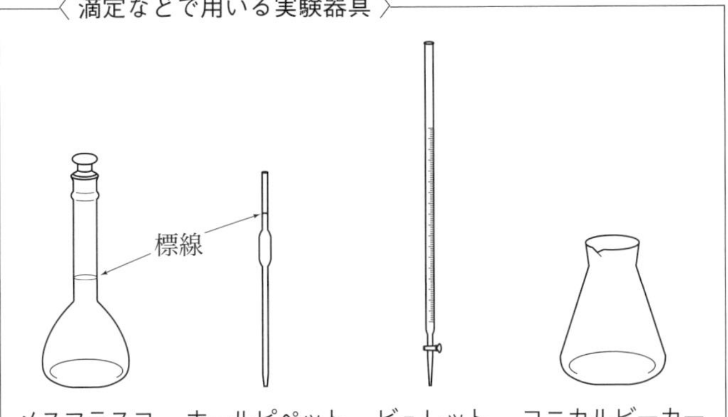

メスフラスコ　ホールピペット　ビュレット　コニカルビーカー

・**メスフラスコ**　一定の体積の溶液を正確につくるのに用いる。表示されている体積は標線まで入っている溶液の体積である。最終的に純水で希釈するので，洗浄後，内部が純水でぬれたまま使用しても構わない。

・**ホールピペット**　一定体積の溶液を正確にはかりとるのに用いる。表示されている体積は標線まで入れた溶液を外に出したときの体積である。内部が純水でぬれたまま使用すると，溶液の濃度が薄くなるので，ぬれたまま使用できない。洗浄後，すぐに使用する場合は，使用する溶液で数回すすぐ(共洗いする)必要がある。

・**ビュレット**　溶液を少量ずつ滴下するのに用いる。目盛りは上からつけてあり，目盛りの差が出した溶液の体積である。内部が純水でぬれたまま使用すると，溶液の濃度が薄くなるので，ぬれたまま使用できない。洗浄後，すぐに使用する場合は，使用する溶液で共洗いする必要がある。

・**コニカルビーカー**　受け器では溶液中の溶質の濃度は問題ではなく，物質量だけが問題なので，洗浄後，純水でぬれたまま使用しても構わない。

☞メスフラスコ，ホールピペット，ビュレットは加熱乾燥してはならない。加熱してしまうと，ガラスの膨張により体積が変わってしまうからである。

コニカルビーカー(**イ**)は中に入れる溶質の物質量だけが問題なので，水でぬれたまま使用しても構わない。一方，ホールピペット(**ア**)とビュレット(**ウ**)は，内部が水にぬれたまま使用すると，溶液の濃度が薄くなってしまうので，中に入れる溶液で内部をすすぐ必要がある。

115 …②

問4　過マンガン酸イオンのイオン反応式は次のように表される。

$$MnO_4^- + 8H^+ + 5e^- \longrightarrow Mn^{2+} + 4H_2O \qquad (1)$$

MnO_4^-は赤紫色，Mn^{2+}はほぼ無色である。クエン酸水溶液に過マンガン酸カリウム水溶液を滴下していくと，終点に達する前まではMnO_4^-がクエン酸と反応してMn^{2+}に変化する。そのため，コニカルビーカー内の溶液は過マンガン酸カリウム水溶液を滴下した瞬間は赤紫色を呈するが，振り混ぜると，無色になる。コニカルビーカー内のクエン酸がなくなると，MnO_4^-はMn^{2+}に変化できなくなるため，過不足なく反応した後，MnO_4^-がわずかに残ると，コニカルビーカー内の溶液は薄い赤紫色を呈する。このときを終点とする。

☞過マンガン酸カリウム水溶液を用いた酸化還元滴定では，イオンの色の変化を利用するため，中和滴定で用いるような指示薬を加える必要はない。

116 …①

問5　終点では，次の関係が成り立つ。

(酸化剤が受け取る電子の物質量)＝(還元剤が放出する電子の物質量)

クエン酸水溶液のモル濃度をx〔mol/L〕とする。このクエン酸水溶液 10 mL に 1.0×10^{-2} mol/L の過マンガン酸カリウム水溶液を滴下していくと，終点までに 27 mL を要したことから，式(1)と(5)の係数比より，電子の物質量について次式が成り立つ。

$$1.0 \times 10^{-2} \times \frac{27}{1000} \times 5 = x \times \frac{10}{1000} \times 18$$

これを解くと，$x = 7.5 \times 10^{-3}$〔mol/L〕

☞クエン酸水溶液中のクエン酸の物質量が立式に必要であり，加えた純水や硫酸水溶液の体積は立式に関係しない。

【別　解】

式(1)と(5)を電子e^-を消去するように足し合わせると，式(1)×18＋式(5)×5より，

$$18MnO_4^- + 144H^+ + 90e^- \rightarrow 18Mn^{2+} + 72H_2O$$

$$+)\ 5C_6H_8O_7 + 25H_2O \rightarrow 30CO_2 + 90H^+ + 90e^-$$

$$18MnO_4^- + 5C_6H_8O_7 + 54H^+ \rightarrow 18Mn^{2+} + 30CO_2 + 47H_2O$$

よって，係数比より次の関係が成り立つ。

$$1.0 \times 10^{-2} \times \frac{27}{1000} : x \times \frac{10}{1000} = 18 : 5$$

これを解くと，$x = 7.5 \times 10^{-3}$〔mol/L〕

なお，反応全体の化学反応式は，次のように得られる。まずMnO_4^-を$KMnO_4$にするために両辺に$18K^+$を足す。次にH^+をH_2SO_4にするために両辺に$27SO_4^{2-}$を足す。最後に右辺のイオン$18Mn^{2+}$，$18K^+$，$27SO_4^{2-}$を化合物にすると，$18MnSO_4$と$9K_2SO_4$になる。

$18\ KMnO_4 + 5\ C_6H_8O_7 + 27\ H_2SO_4$
$\longrightarrow 18\ MnSO_4 + 9\ K_2SO_4 + 30\ CO_2 + 47\ H_2O$

117 …③

2024共通テスト本試験　解答と解説

問題番号(配点)	設問	解答番号	正解	配点	自己採点
第1問(30)	1	1	3	(2)	
	2	2	4	(各3)	
	3	3	7		
	4	4	1		
	5	5	3		
	6	6	4		
	7	7	2		
	8	8	2		
	9	9	1		
	10	10	2	(4)	
				自己採点小計	
第2問(20)	1	11	4	(各3)	
	2	12	6		
		13	2		
		14〜15	1－5	(3*)	
	3	16	5	(各2)	
		17	3		
		18	3	(4)	
				自己採点小計	

(注)
1　*は，全部正解の場合のみ点を与える。
2　－(ハイフン)でつながれた正解は，順序を問わない。

自己採点合計

解　説

第1問 (物質の構成，物質の変化)

問1　①リチウム Li，②ベリリウム Be は常温・常圧で固体の金属，③塩素 Cl_2 は常温・常圧で気体，④ヨウ素 I_2 は常温・常圧で固体である。

1 …③

問2　①　アルカリ金属は，炎色反応により互いに区別できる。よって，この記述は正しい。なお，主な炎色反応は以下の通り。

Li	Na	K	Ca	Sr	Ba	Cu
赤	黄	赤紫	橙赤	深赤	黄緑	青緑

アルカリ金属(1族)：Li，Na，K　アルカリ土類金属(2族)：Ca，Sr，Ba

②　第4周期までの典型元素の原子において，最外殻電子の数は族番号の一の位の数に一致する。また，18族である貴ガスについては価電子は0とするが，その他については最外殻電子の数 = 価電子の数となる。これより，2族元素の原子の価電子の数は2である。よって，この記述は正しい。

③　第4周期までの典型元素について，電気陰性度は貴ガスを除き，周期表で右上にある元素ほど大きく，フッ素 F が最大である。これより，17族元素で電気陰性度を比べると，原子番号の小さい元素ほど大きくなる。よって，この記述は正しい。

④　貴ガス元素の原子の最外殻電子について，第1周期のヘリウム He は2個，第2周期のネオン Ne，第3周期のアルゴン Ar，第4周期のクリプトン Kr は8個である。よって，この記述は誤り。

2 …④

問3　ア　海水を蒸留して淡水を得る際，海水を加熱して沸騰させるので，水が液体から気体に状態変化(蒸発)する。また，その水蒸気を冷却することで淡水が得られる。このとき，水が気体から液体に状態変化(凝縮)する。

イ　降ってきた雪を手で受け止めると水になるのは，水が固体から液体に状態変化(融解)するためである。

ウ　ドライアイスは二酸化炭素 CO_2 の固体で，この塊を室温で放置すると小さくなるのは，二酸化炭素が固体から気体に状態変化(昇華)するためである。

3 …⑦

問4　①　二次電池は，充電により繰り返し利用できる電池で，鉛蓄電池やリチウムイオン電池などがある。一方，一次電池は，充電できない電池で，マンガン乾電池やアルカリマンガン乾電池などがある。よって，この記述は正しい。

②　燃料電池は，水素などの燃料と酸素などの酸化剤を外部から供給し，化学エネルギーを電気エネルギーとして取り出す装置であり，高温の気体を利用しているのではない。よって，この記述は誤り。

③　電池において，正極では電子が流れ込んで還元反応が起こり，負極では電子を放出して酸化反応が起こる。よって，この記述は誤り。

④　鉛蓄電池の電解質には，希硫酸が用いられている。よって，この記述は誤り。なお，負極には鉛 Pb，正極には酸化鉛(Ⅳ)PbO_2 が用いられる。

4 …①

問5　①　ケイ素 Si の結晶は，ダイヤモンドの炭素原子を同じように，次のようにケイ素原子が正四面体構造を形成しながら配列している。よって，この記述は正しい。

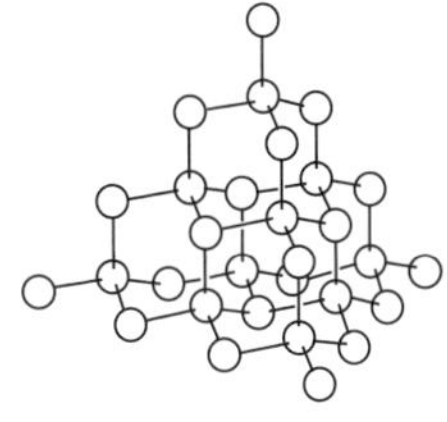

ケイ素の結晶構造

②　ケイ素は非金属元素である。よって，この記述は正しい。

③　ケイ素は半導体の性質を示すが，二酸化ケイ素 SiO_2 の結晶は半導体の性質を示さない。よって，この記述は誤り。

④　二酸化ケイ素の結晶では，次のようにケイ素原子と酸素原子が交互に共有結合している。よって，この記述は正しい。

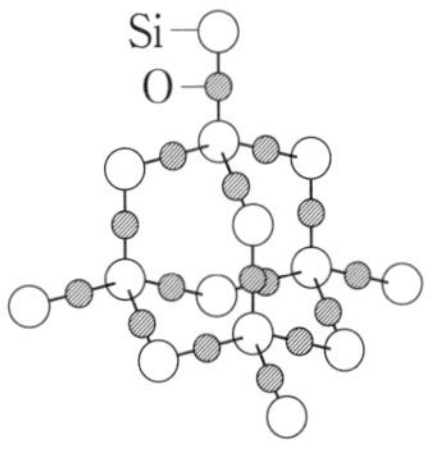

二酸化ケイ素の結晶構造

5 …③

問６　ア　アンモニア NH_3 は刺激臭の気体であるので不適。

イ　酸素 O_2 は助燃性があり，酸素が入っている容器の中に火の付いた線香を入れると激しく燃えるので不適。

ウ　同じ温度・圧力の気体の密度は気体の分子量に比例する。空気の平均分子量は，空気が窒素 N_2（分子量 28）と酸素 O_2（分子量 32）の混合気体であり，その物質量比が 4：1 とすると，

$$28\times\frac{4}{5}+32\times\frac{1}{5}=28.8$$

となる。ここで，窒素 N_2 の分子量は 28，アルゴン Ar の分子量は 40 なので，空気より分子量が大きいアルゴンが正解となる。

［6］…④

問７　メタン CH_4 が完全燃焼するときの化学反応式は次のように表せる。

$$CH_4+2O_2 \rightarrow CO_2+2H_2O$$

よって，18 g の水（分子量 18）が生成するときに生じる二酸化炭素 CO_2（分子量 44）は，化学反応式の量的関係より，

$$\frac{18}{18}\times\frac{1}{2}\times 44=22=22\,\text{〔g〕}$$

［7］…②

問８　①　ブレンステッド・ローリーの定義では，H^+ を与える物質を酸，H^+ を受け取る物質を塩基と定義する。したがって，例えばアンモニアが水に溶解するときに起こる反応

$$NH_3+H_2O \rightarrow NH_4^{+}+OH^{-}$$

において，水は H^+ をアンモニアに与えているため酸である。一方，塩化水素が水に溶解するときに起こる反応

$$HCl+H_2O \rightarrow Cl^{-}+H_3O^{+}$$

において，水は H^+ を塩化水素から受け取っているため塩基である。このように，水は反応する相手によって酸としてはたらいたり，塩基としてはたらいたりする。よって，この記述は正しい。

②　中和の量的関係において，酸・塩基の強弱や電離度は影響しないため，酸の価数および物質量が同じ強酸と弱酸では，中和するのに必要な塩基の物質量は等しい。よって，この記述は誤り。

③　水素イオン濃度 $[H^+]$ を用いると，水溶液のもつ酸性や塩基性の強さを表すことができる。$[H^+] > 1.0\times10^{-7}$ mol/L（pH < 7）のとき，その水溶液は酸性を示し，$[H^+] = 1.0\times10^{-7}$ mol/L（pH=7）のとき，その水溶液は中性を示し，$[H^+] < 1.0\times10^{-7}$ mol/L（pH > 7）のとき，その水溶液は塩基性を示す。よって，この記述は正しい。

④　酸の水溶液を水でいくら薄めても，中性の pH=7 には近づいても pH の値が 7 の値を超えることはない。よって，この記述は正しい。

［8］…②

問９　酸化数の決め方は次の通り。

・単体の原子の酸化数は 0
・化合物において，H の酸化数は原則 +1（例外：NaH 中の H は −1）
・化合物において，O の酸化数は原則 −2（例外：H_2O_2 中の O は −1）
・化合物において，各原子の酸化数の総和は 0
・単原子イオンでは，その原子の酸化数はイオンの価数と一致
・多原子イオンでは，各原子の酸化数の総和はそのイオンの価数に一致

①　S の酸化数を x とすると，次式が成り立つ。
$x+(-2)\times4=-2$
$x=+6$

②　N の酸化数を x とすると，次式が成り立つ。
$+1+x+(-2)\times3=0$
$x=+5$

③　Mn の酸化数を x とすると，次式が成り立つ。
$x+(-2)\times2=0$
$x=+4$

④　N の酸化数を x とすると，次式が成り立つ。
$x+(+1)\times4=+1$
$x=-3$

したがって，酸化数が最も大きいものは①である。

［9］…①

問10　アのモル質量は，図 1 のグラフのアの割合が 100％のところを読むと 16 g/mol，イのモル質量は，図 1 のグラフののアの割合が 0％のところを読むと 40 g/mol とわかる。次に，0℃，1.0×10^5 Pa の条件においてアの質量が 0.64 g であったことから，このときのアの物質量は，

$$\frac{0.64}{16}=4.0\times10^{-2}\,\text{〔mol〕}$$

気体は同温・同圧・同体積であれば含まれる気体の物質量が同じなので，1.36 g の混合気体の物質量も 4.0×10^{-2} mol となる。したがって，この混合気体のモル質量は，

$$\frac{1.36}{4.0\times10^{-2}}=34\,\text{〔g/mol〕}$$

よって，混合気体のモル質量が 34 g/mol となる点を図 1 のグラフから読み取ると，求める気体アの物質量の割合は 25% とわかる。

10 … ②

第2問 (空気制御システム)

問1　水の電気分解では，陽極および陰極でそれぞれ次のような反応が起こる。

陽極：$2H_2O \rightarrow O_2 + 4e^- + 4H^+$

陰極：$2H_2O + 2e^- \rightarrow H_2 + 2OH^-$

電子 e^- の係数が同じになるようにまとめると，式(1)が得られる。

$2H_2O \rightarrow 2H_2 + O_2$　　(1)

① 陽極側では酸素が発生する。よって，この記述は正しい。なお，陽極では酸化反応が起こるので，H_2O が酸化されて O_2 が発生すると考えることもできる。

② 発生する O_2 は水に溶けにくいので，水上置換法で捕集できる。よって，この記述は正しい。

③ 式(1)において，H_2O が酸化も還元もされている（H や O の酸化数が変化している）ため，この反応は酸化還元反応である。よって，この記述は正しい。

④ H_2 と O_2 の分子量はそれぞれ 2.0，32 なので，電気分解で発生する水素と酸素の質量比は，

$2 \times 2.0 : 1 \times 32 = 1 : 8$

よって，この記述は誤り。

11 … ④

問2　a　式(2)は次の通り。

$CO_2 + 4H_2 \rightarrow CH_4 + 2H_2O$　　(2)

反応物および生成物中の C 原子および O 原子の酸化数をそれぞれ求めると，

CO_2 中の C：＋4

CO_2 中の O：−2

CH_4 中の C：−4

H_2O 中の O：−2

これより，C 原子は還元され，O 原子は酸化も還元もされないことがわかる。

12 … ⑥

b　ア　$CaCO_3$ と HCl を 1 mol ずつ用いて反応すると，反応の量的関係より，$CaCO_3$ が 0.5 mol，HCl が 1 mol 反応し，CO_2 は 0.5 mol 生成する。

イ　$(COOH)_2$ と H_2O_2 を 1 mol ずつ用いて反応すると，反応の量的関係より，$(COOH)_2$ と H_2O_2 はいずれも 1 mol 反応し，CO_2 は 2 mol 生成する。

ウ　Fe_2O_3 と CO を 1 mol ずつ用いて反応すると，反応の量的関係より，Fe_2O_3 が 1/3 mol，CO が 1 mol 反応し，CO_2 は 1 mol 生成する。

エ　CO と O_2 を 1 mol ずつ用いて反応すると，反応の量的関係より，CO が 1 mol，O_2 が 0.5 mol 反応し，CO_2 は 1 mol 生成する。

よって，CO_2 が最も多く生成するのはイの反応である。

13 … ②

c　多原子分子が無極性分子かどうかは，構成する原子の種類と分子の形に大きく関係する。CH_3Cl，CH_2Cl_2，$CHCl_3$ はいずれも三角錐形で，C−Cl と C−H の極性も異なるため，分子全体で極性は打ち消されず極性分子となる。CH_4 と CCl_4 は C と結合する原子が 4 つとも同じであり，正四面体形となるため，結合の極性が互いに打ち消され，分子全体では無極性分子となる。

14 ， 15 … ①，⑤

問3　a　式(1)より，求める H_2O（分子量 18）の質量は，

$$\frac{3.2 \times 10^3}{32} \times 2 \times 18 \times 10^{-3} = 3.6\,[\text{kg}]$$

16 … ⑤

b　式(2)より，1 mol の CO_2 を使用すると，4 mol の H_2 を使用したところで CO_2 はなくなる。また，このとき，H_2O は 2 mol 生成する。これを満たすグラフは③である。

17 … ③

c　式(1)より，3.2 kg の O_2 が生成するときに同時に生成する H_2 の物質量は，

$$\frac{3.2 \times 10^3}{32} \times 2 = 2.0 \times 10^2\,[\text{mol}]$$

この物質量の H_2 を用いて式(2)の反応を起こすと，得られる H_2O の質量は，

$$2.0 \times 10^2 \times \frac{1}{2} \times 18 \times 10^{-3} = 1.8\,[\text{kg}]$$

18 … ③

生 物 基 礎

第 1 回　解 答 と 解 説

問題番号(配点)	設問		解答番号	正解	(配点)	自己採点
第 1 問 (15)	A	1	101	4	(各 3)	
		2	102	7		
		3	103	5		
	B	4	104	6		
		5	105	2		
自己採点小計						
第 2 問 (20)	A	1	106	1	(各 2)	
		2	107	2		
		3	108	3	(各 3)	
			109	1		
			110	1		
	B	4	111	5	(各 2)	
		5	112	8		
		6	113	4	(3)	
自己採点小計						

問題番号(配点)	設問		解答番号	正解	(配点)	自己採点
第 3 問 (15)	A	1	114	2	(各 3)	
		2	115	5		
	B	3	116	6		
			117	2		
		4	118	3		
自己採点小計						

自己採点合計	

解 説

第 1 問（生物と遺伝子）

出題のねらい

Aは生物の共通性とDNAについて，Bは酵素について基本的な知識と理解を試した。教科書に記載のある知識が身についていれば，設定を把握できる内容なので，大きく失点しないように気を付けてほしい。実験が関わる問題を多く出題したが，実験条件を整理して確実に得点できるようにしよう。

☞共通テストでは，観察や実験からの出題が多い傾向にある。教科書にある観察や実験などは，実験方法や注意点を確認しておこう。

問 1　全ての生物は細胞からなる。細胞の内外は細胞膜によって仕切られているので，①は正しい。また，全ての生物には変化する体外環境に対して，体内環境をある程度一定に保とうとする恒常性（ホメオスタシス）の仕組みが存在する（☞）ので，②は正しい。全ての生物の体内では，絶えず物質の合成や分解などの化学反応が行われており，このような化学反応をまとめて代謝というので，③は正しい。ミトコンドリアは真核生物には存在するが原核生物には存在しないので，④は誤り。全ての生物は，自分と同じ構造を持つ個体をつくり，形質を子孫に伝える遺伝の仕組みを持つので，⑤は正しい。

☞多細胞生物だけでなく，単細胞生物でも細胞膜上のタンパク質の働きなどにより，体内環境を一定に保っている。

〈 原核細胞と真核細胞 〉

○**原核細胞**：核を持たず，DNAが細胞質基質中にある。細胞壁は植物細胞とは異なる物質から構成される。

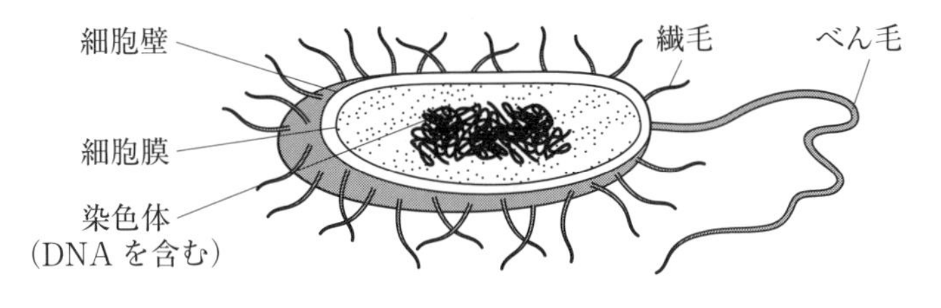

○**真核細胞**：DNAが核膜に包まれる。ミトコンドリア，葉緑体などの膜でつくられた構造体を持つ。

ミトコンドリアと葉緑体は独自のDNAを持ち，細胞内共生説の根拠になっている。

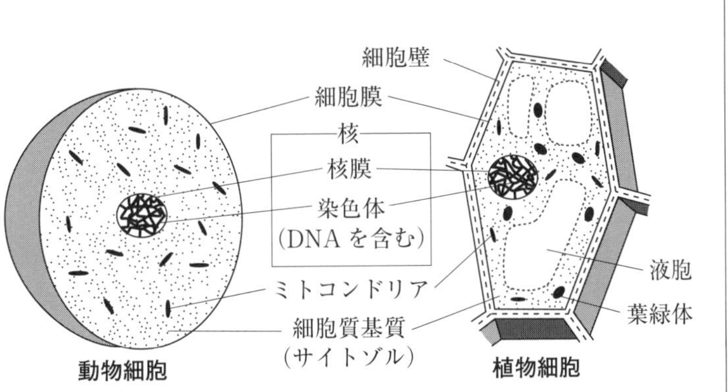

101 …④

問 2　設問文より，DNAは10塩基対で3.4 nmである。この生物の細胞1個当たりに含まれるDNAの総塩基数は，6.0×10^{10} 塩基であり，塩基対数は総塩基数の半分である。よって，DNAの長さの合計は

$$\{(6.0 \times 10^{10} \div 2) \div 10\} \times 3.4 \times 10^{-9} = 10.2$$

となる。したがって，選択肢のうちで最も適当なものは10 mである。

102 …⑦

問3　設問文に示されているDNAの**半保存的複製**(☞)の仕組みにしたがって考えていく。まず，DNA中の窒素がほぼ全て^{15}Nになった大腸菌を^{14}Nのみを含む培地で1回分裂させると，片方のヌクレオチド鎖中の窒素が^{15}Nであり，もう一方のヌクレオチド鎖中の窒素は^{14}NであるDNAがつくられる。ゆえに，^{15}Nのみからなる DNAと^{14}Nのみからなる DNAの中間の重さになる。2回分裂後は同様に考えると，中間の重さのDNAと，^{14}Nのみからなる DNAがおよそ1：1の比で生じる。

☞半保存的複製

2本鎖の片方のヌクレオチド鎖を鋳型とし新しいヌクレオチド鎖を合成するDNAの複製方法。メセルソンとスタールにより証明された。

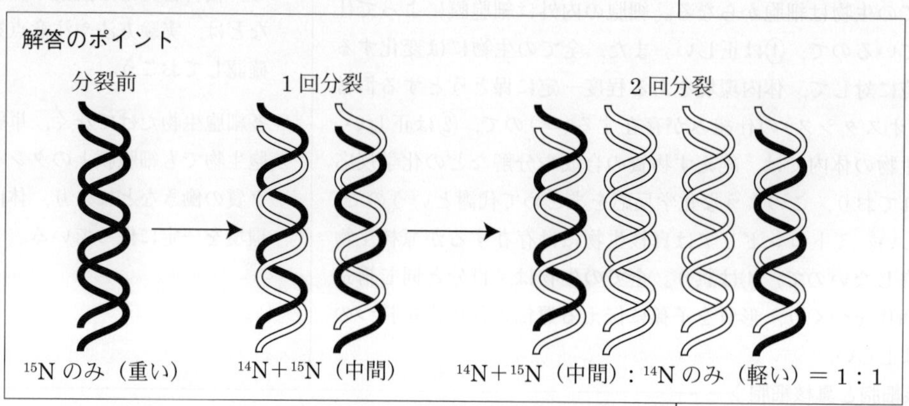

103 …⑤

問4　酵素は生体内で化学反応の進行を円滑にする触媒としての役割を持つ。酵素自体の構造が化学反応の前後で変わることはなく，再利用できるので，ⓐは誤り。酵素には，特定の物質のみに作用する基質特異性(☞)があるため，いくつかの化学反応が連続して進行する代謝において，それぞれの化学反応には異なる酵素が働いている。例えば，ミトコンドリアでは呼吸に関わる酵素が，葉緑体では光合成に関わる酵素が働き，呼吸に関わる酵素は葉緑体には存在せず，逆も同様である。つまり，生体内の特定の場所で特有の化学反応を触媒する酵素の多くは，特定の場所にだけ存在しているので，ⓑは正しい。細胞内で働く酵素には上記の呼吸や光合成に関わる酵素のほか，DNAの複製に関わる酵素などがある。細胞外に分泌されて働く酵素には消化酵素などがある。よって，ⓒは正しい。

☞発展事項：基質特異性

酵素が作用する物質のことを基質という。酵素の主成分はタンパク質であり，タンパク質が独自の立体構造を持つことにより，特定の基質のみと反応する。このような酵素の性質を基質特異性という。

104 …⑥

問5　会話文から，寒天の主成分が炭水化物で，ゼラチンの主成分がタンパク質であることが分かる。容器Cと容器Dを比較すると，寒天ではゼリーが固まったが，ゼラチンではゼリーが固まらなかった。したがって，キウイが持つ酵素はタンパク質を分解すると考えられる。次に，容器Aと容器Cを比較すると，イチゴではゼラチンが固まったことから，少なくともキウイが持つタンパク質分解酵素はイチゴには含まれていないと考えられる。

105 …②

第2問（体内環境の維持）

出題のねらい

Aは生体防御と免疫について，Bは心臓の拍動について基本的な知識と実験からの考察問題を出題した。問3と問6はどちらも複数の実験を組合せて考える必要がある問題を出題したので，この機会に条件整理の練習をしてもらいたい。なお，問4の心臓における血液の循環経路については，教科書に記載の図を確認しながら自分で模式図をかけるようにしておくとよいだろう。

問1　物理的な防御では，消化管や呼吸器の内部は体外環境にさらされているため，病原体が付着しにくいように，常に湿った粘膜で覆われていることがあげられる。よって，①は誤り。気管の内部は粘膜で覆われているとともに，繊毛の運動によって鼻や口の方向に流れをつくり，病原体の侵入を防いでいる。よって，②は正しい。また，皮膚の最外層は角質層であり，表皮の内側から新しい細胞が再生して入れ替わることにより，病原体の侵入を防いでいる。よって，③は正しい。化学的な防御では，弱酸性の涙やだ液，汗を体外に分泌し，病原体が表皮上で増殖することを防いでいる。よって，④は正しい。これらの分泌液の中には，細菌の細胞壁を分解するリゾチームや，細菌の細胞膜を破壊するディフェンシンなどのタンパク質が含まれている。よって，⑤は正しい。

106 …①

問2　物理的な防御，化学的な防御を通り抜けて体内に侵入した病原体に対しては，免疫による防御が働く。マクロファージや好中球は食作用により病原体を排除する。食作用で排除されなかった病原体に対しては，リンパ球が働く。リンパ球のうち，B細胞は骨髄で分化し，**体液性免疫**(☞)の中心となる細胞である。T細胞は，骨髄で生産されたのち胸腺に移動して分化し，**細胞性免疫**(☞)の中心となる細胞である。

107 …②

問3　表1の結果より，系統Pと系統Rは，系統Qの皮膚片を移植した際に拒絶反応を起こしているため，正常な免疫の仕組みを持っている。一方で，系統Qは系統Pと系統Rのどちらの皮膚片を移植しても生着している。この結果と設問文の「1系統は免疫不全であるが，ほかの2系統は正常な免疫の仕組みを持つ」ことから，系統Qが免疫不全，系統Pと系統Rが正常な免疫の仕組みを持つと分かる。また，系統Pと系統Rは互いに移植した皮膚片が生着していることから，どちらも同じ自己物質を持っている。次に，F_1マウスについては，「いずれも両親が持つ自己物質の両方を持っている」ので，マウスAは系統Pと系統Qの自己物質

☞**体液性免疫**
B細胞から分化した抗体産生細胞(形質細胞)が，抗原を特異的に認識する抗体を放出することにより抗原を排除する免疫の仕組み。

☞**細胞性免疫**
細菌やウイルスに感染したり，がん化した自己の細胞に対して，抗体を介さずリンパ球が直接排除する免疫の仕組み。

を持つ。したがって，移植1では系統Pのマウスはマウス A が持つ系統Qの自己物質に反応するため皮膚片は脱落する。脱落までの期間は表1で差がないことから，約10日で脱落したと考えられる。移植2では，マウスBも同様に系統Qと系統Rの自己物質を持つが，系統Qは免疫不全のため，皮膚片は生着する。移植3では，系統Pと系統Rの自己物質はどちらも同じなので，マウスCと系統Rが持つ自己物質は変わらない。よって系統RにマウスCの皮膚片を移植すると，皮膚片は生着する。なお，免疫記憶は一度侵入した抗原の情報を保持した記憶細胞ができることであり，初めての移植である本実験では記憶細胞は存在しない。また，免疫寛容は自己の細胞に免疫が働かない仕組みであり，表1より同じ自己物質を持つ皮膚片は生着する。よって，②・④はどの移植の結果にも当てはまらない。

☞それぞれの系統が持つ自己物質をX，Yとすると，

系統P，系統R → X

系統Q → Y

となる。したがって，F_1マウスが持つ自己物質は，

マウスA → XとY

マウスB → XとY

マウスC → X

である。

108 …③

109 …①

110 …①

問4　ヒトの心臓の右心房の上側には，洞房結節(ペースメーカー)と呼ばれる場所があり，自律的に電気的な信号を発生して心臓の拍動のリズムをつくっている。この心臓の拍動により，血液が全身に循環する。このときの血液の循環経路は，(大静脈→)右心房→右心室→肺動脈→肺静脈→左心房→左心室(→大動脈)である。

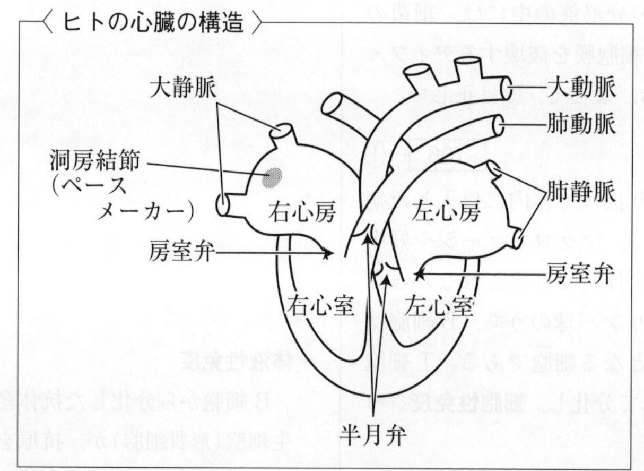

111 …⑤

問5　自律神経系は交感神経と副交感神経に分けられ，多くの場合一方の神経が接続している器官の働きを促進し，もう一方の神経が働きを抑制する。胃や腸のぜん動運動は，交感神経の働きで抑制され，副交感神経の働きで促進される。よって，ⓒは誤り。瞳孔においては，交感神経の働きで瞳孔が拡大し，副交感神経の働きで縮小する。よって，ⓓは正しい。また，立毛筋には副交感神経は分布していないので，ⓐは誤り。副交感神経の働きですい臓から分泌されるインスリンが肝臓に作用するとグリコーゲンの合成が促進される。よって，ⓑは正しい。

〈自律神経の作用〉

交感神経	器官（働き）	副交感神経
拡大	瞳孔	縮小
促進	心臓（拍動）	抑制
上昇	血圧	低下
拡張	気管支	収縮
抑制	胃・腸（ぜん動）	促進
グルカゴンの分泌	すい臓	インスリンの分泌
アドレナリンの分泌	副腎髄質	分布しない
抑制	ぼうこう（排尿）	促進
収縮	立毛筋	分布しない
汗の分泌促進	汗腺	分布しない
収縮	皮膚の血管	分布しない
激しい活動時に働く。「闘争と逃走」とも言われ，エネルギーを消費する。	その他（一般的な作用）	休息時などリラックスしているときに働く。エネルギーを貯蔵する。

112 …⑧

問 6　この実験において，取り出した心臓に交感神経が接続しているかどうかが分からず判断できないので，①は誤り。また，**実験 2**と**実験 3**における心臓Ⅱと心臓Ⅳは副交感神経がなくても拍動し，その拍動のリズムが変化しているため，②，③は誤り。一連の実験から，心臓Ⅰや心臓Ⅲに接続している副交感神経が電気刺激を受けることによって放出された物質が，リンガー液を介して心臓Ⅱや心臓Ⅳの拍動のリズムを調節していると考えられる。また，副交感神経の電気刺激であることから，その調節は拍動の抑制であると考えられる。よって，④は正しく，⑤は誤り。

113 …④

第 3 問（生態系とバイオーム）

出題のねらい

　A はイエローストーン国立公園をモデルとした生態系の変化について，B はバイオームに関して基本的な知識に基づく考察問題を出題した。問 3 のグラフは初見で戸惑ったかもしれないが，見慣れないグラフには必ず読解のために必要な情報が問題中に書かれている。問題を解く上で必要な情報は確実に読みとれるようにグラフや文章を読む練習をしてほしい。

問 1　下線部(a)にあるように，生態系には変化を受けてもある一定の範囲に戻ろうとする復元力（レジリエンス）という働きがある。例えば森林の一部が伐採や山火事などによって大規模に破壊されたとき，土壌中の種子や地下茎などから再び遷移が起こり，元と同じような森林に戻る現象が見られる。このことを**二次遷移**(☞)という。また，河川に一時的に排水が流れ込んだりするなど，水質が変化したとき，河川の微生物による**自然浄化**(☞)により，汚染物質の量が減少する。よって，ⓐは誤りで，ⓑは正しい。もともと存在しなかった植物を持ち込み，その植物が草原中に広まっていることは，元の状態に戻ったとは言えないので，ⓒは誤り。

114 …②

問2　図1から，オオカミが主に捕食していたのはシカである。コヨーテはシカを捕食していないので，オオカミの絶滅により，シカの個体数が増加すると考えられる。よって，①は誤り。また，オオカミの絶滅によりウサギの数が増えることで，キツネが捕食するウサギの数が増加する。よって，②は誤り。ウサギの数の増加はキツネやコヨーテの数の変化を引きおこすため，オオカミが直接捕食していないビーバーの数も変化すると考えられる。よって，③は誤り。餌資源が増えたコヨーテの個体数は増えると考えられ，コヨーテの増加はキツネの個体数を減少させると考えられる。よって，④は誤り。シカの主な捕食者がいなくなったことと，植物食性動物の数が増加したことから，植物の現存量は減少したと考えられる。よって，⑤は正しい。

115 …⑤

問3　図4のような，横軸に各月の平均降水量，縦軸に月平均気温をとり，折れ線グラフで示したものをハイサーグラフという。また，図3の地点Pは照葉樹林，地点Qは夏緑樹林である。**バイオームと優占する植物種**(☞)を考えると，照葉樹林の代表種はスダジイやタブノキ，夏緑樹林の代表種はブナやナラなので，地点Pが④または⑥，地点Qが②または③となる。図4ⓓ，ⓕ，ⓖのグラフは一年を通して気温が高く，年平均気温が20℃を超えている。よって，照葉樹林は④のⓖではなく，⑥のⓘと分かる。同様に，夏緑樹林は③のⓕではなく，②のⓔと分かる。図4ⓗのグラフは，年平均気温はおよそ17℃であるが，気温が高いところで折れ線グラフが縦軸に接している。これは夏季にほとんど雨が降らないことを示している。

なお，図4はⓓがインド中央部(雨緑樹林)，ⓔが日本の本州東北地方(夏緑樹林)，ⓕがアフリカ大陸中央部(サバンナ)，ⓖがブラジル中央部(熱帯多雨林)，ⓗがアフリカ大陸南西部海岸(硬葉樹林)，ⓘがニュージーランド北部(照葉樹林)の気候である。次ページの〈**世界のバイオームと気候**〉を参考に，バイオームと気候を対応づけてほしい。

116 …⑥

117 …②

☞二次遷移

既に土壌が形成されている場所から始まる遷移のこと。また，一次遷移は噴火直後などの土壌が無い場所から始まる遷移のことである。

☞自然浄化

河川などに有機物などの物質が流れ込んだ際，水中の微生物などの働きによって流入した物質の量が減少すること。

☞バイオームと優占する植物種

バイオーム	植物種例
熱帯多雨林・亜熱帯多雨林	フタバガキ，ヘゴ
雨緑樹林	チーク，コクタン
照葉樹林	スダジイ，タブノキ
夏緑樹林	ブナ，ナラ
針葉樹林	モミ，トウヒ
硬葉樹林	コルクガシ，オリーブ
サバンナ	アカシア，イネ科草本
ステップ	イネ科草本
砂漠	サボテン
ツンドラ	地衣類，コケ類

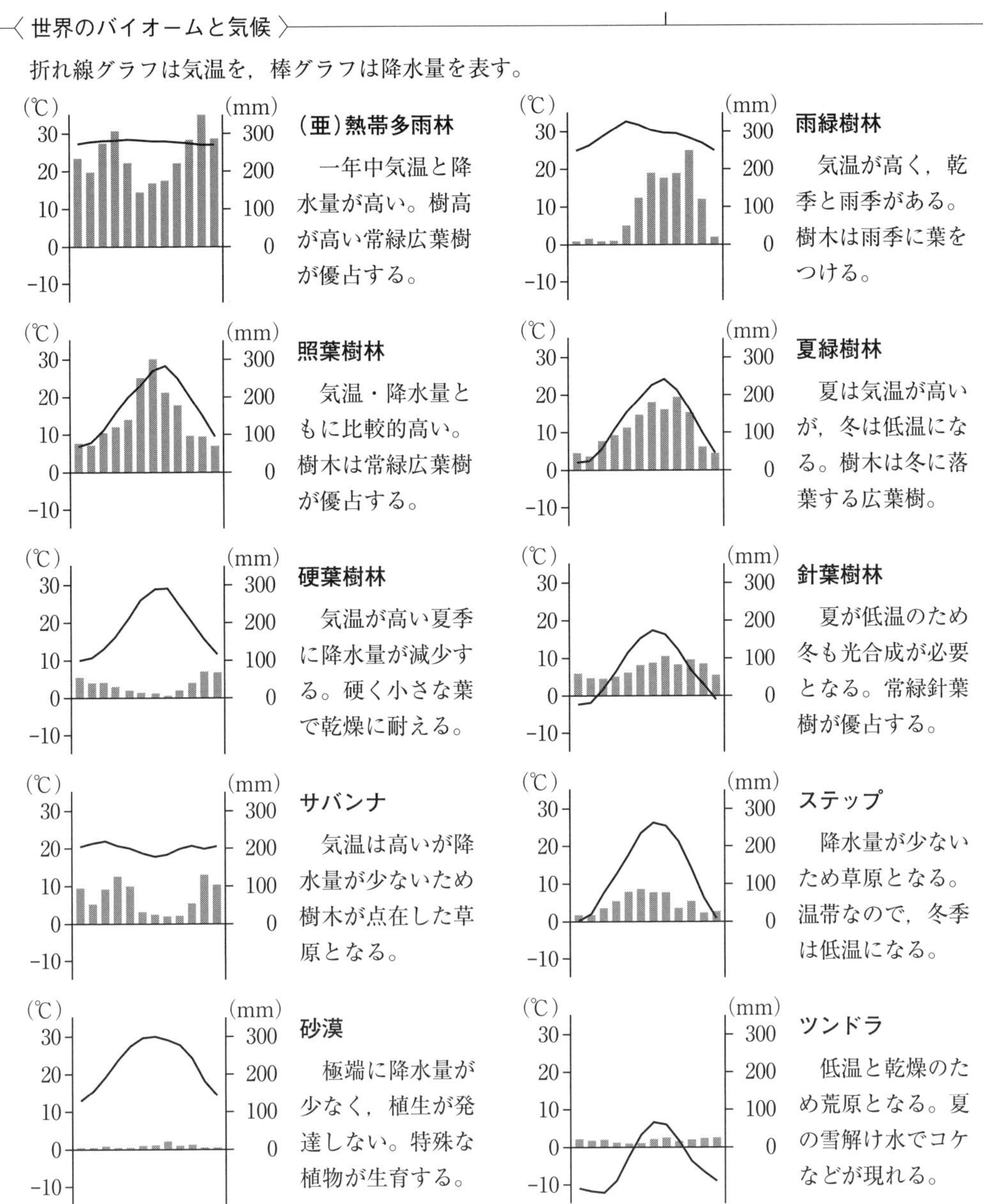

〈世界のバイオームと気候〉
折れ線グラフは気温を，棒グラフは降水量を表す。
(℃)
(mm)
(亜)熱帯多雨林
一年中気温と降水量が高い。樹高が高い常緑広葉樹が優占する。
雨緑樹林
気温が高く，乾季と雨季がある。樹木は雨季に葉をつける。
照葉樹林
気温・降水量ともに比較的高い。樹木は常緑広葉樹が優占する。
夏緑樹林
夏は気温が高いが，冬は低温になる。樹木は冬に落葉する広葉樹。
硬葉樹林
気温が高い夏季に降水量が減少する。硬く小さな葉で乾燥に耐える。
針葉樹林
夏が低温のため冬も光合成が必要となる。常緑針葉樹が優占する。
サバンナ
気温は高いが降水量が少ないため樹木が点在した草原となる。
ステップ
降水量が少ないため草原となる。温帯なので，冬季は低温になる。
砂漠
極端に降水量が少なく，植生が発達しない。特殊な植物が生育する。
ツンドラ
低温と乾燥のため荒原となる。夏の雪解け水でコケなどが現れる。

問4　まず，地点Pで優占する樹種は常緑広葉樹，地点Qで優占する樹種は落葉広葉樹である。地点Pは地点Qに比べて緯度が低く，年間を通して温暖であり，冬の日照時間が長い。このような環境では，冬でも光合成による同化量が呼吸による消費量を上回ると考えられるので，一年中葉をつけている。葉を一年中使うため，厚みがある葉をつけることで単位面積当たりの光合成量を増加させている。また，葉の組織やクチクラ層を厚くすることで乾燥などに対する耐性や物理的な強度を上げ，葉の寿命を長くしている。

118 …③

第２回　解答と解説

問題番号(配点)	設問		解答番号	正解	(配点)	自己採点
第１問 (17)	A	1	101	5	(各３)	
		2	102	3		
		3	103	6	(4)	
	B	4	104	1	(各２)	
		5	105	1		
		6	106	2	(3)	
			自己採点小計			
第２問 (17)	A	1	107	2	(各３)	
		2	108	1		
		3	109	5		
	B	4	110	5	(2)	
		5	111	4	(各３)	
		6	112	6		
			自己採点小計			

問題番号(配点)	設問		解答番号	正解	(配点)	自己採点
第３問 (16)	A	1	113	4	(3)	
		2	114	4	(2)	
		3	115	3	(各３)	
		4	116	1		
	B	5	117	3		
		6	118	2	(2)	
			自己採点小計			

自己採点合計

解　説

第１問（生物と遺伝子）

出題のねらい

Ａでは代謝について，Ｂでは遺伝情報の発現，だ腺染色体について出題した。問１・問４・問５のように，教科書に記載されている基本的な知識が問われる問題で失点しないように気を付けたい。問２は ATP に関する計算問題であり，設問文中で与えられた数値から，計算に必要な数値を見極める必要があった。問３では，近年の共通テストで頻出の対照実験に関する考察問題を出題した。

問１　① 選択肢後半「同化は一部の真核生物のみが行う」について，同化の代表例である光合成について考えるだけでも，シアノバクテリアなど光合成を行う原核生物が存在するので，明らかに誤り。また，光合成を行わない生物も同化を行っており，例えば有機物を食事から得ている動物は，餌から消化・吸収したアミノ酸を材料に体内でタンパク質を合成するが，これも同化である。同化には光合成や窒素同化のような無機物を用いる反応だけでなく，単純な有機物から複雑な有機物を合成する反応も含まれること，そして，全ての生物が同化と異化の両方を行うことを再確認しよう。

② 誤り。同化は無機物などの単純な物質から有機物などの複雑な物質を合成する反応であり，エネルギーを吸収して進行する。一方，異化は複雑な物質を単純な物質に分解する過程でエネルギーを放出する。選択肢の記述はエネルギーの「吸収」と「放出」が逆である。

③ 誤り。酵素は「核酸」ではなく「タンパク質」でできている。全ての生物が代謝を行うため，酵素も真核生物・原核生物問わず全ての生物が持っている。

④ 誤り。消化酵素であるペプシンやトリプシンなど，細胞外に分泌されてから働く酵素もある。タンパク質でできている酵素は熱や pH の変化に影響を受けるため，酵素が高温や強酸にさらされた場合には「構造が変化(＝変性という)」して「働きを失う(＝失活という)」現象がみられる。

⑤ 正しい。酵素は，自身は反応の前後で変化することなく，特定の化学反応を繰り返し触媒することができる。よって，少量でも時間をかければ多くの反応を促進することができる。酵素の量によって最終的な反応の量は変わらないが，酵素の量が多いとそれだけ反応速度が上がる。

101 …⑤

問２　与えられた情報を整理すると次の通り。

☞**シアノバクテリア**
ユレモやネンジュモなど，光合成を行う原核生物。原始的な真核生物に細胞内共生することにより，細胞小器官の葉緑体になったと考えられている。

☞**核酸**
DNA や RNA のこと。

☞　タンパク質の変性や失活は『生物』の学習範囲だが，『生物基礎』でも実験・観察と関連させて出題されることがあるので，この機に知っておくとよい。

> **解答のポイント　情報の整理**
>
> 設問文には次の３つの数値が与えられているが，これら全てを利用するとは限らない。必要な数値がどれかを見極めよう。
>
> ・生物Ｘが持つ細胞の総数　…4.0×10^6 個
> ・生物Ｘの細胞１個当たりのATPの総消費量…0.83 ng/日・個
> ・生物Ｘの細胞１個当たりのATPの含量　…0.00084 ng/個

ATPは消費と再生を何度も繰り返している。したがって，細胞１個当たりのATPの総消費量(0.83 ng/日・個)は，細胞１個に含まれるATP(0.00084 ng/個)が１日かけて消費された総量であり，そのぶん再生が繰り返されたと考えることができる。したがって，細胞１個当たりのATPの総消費量(0.83 ng/日・個)を，細胞１個当たりのATPの含量(0.00084 ng/個)で割ることで，１日当たりのATPの再生回数を求めることができる。

0.83〔ng/日・個〕÷0.00084〔ng/個〕＝988.095… ≒ 990〔回/日〕

なお，本設問では使わなかった生物Ｘが持つ細胞の総数(4.0×10^6個)と，細胞１個当たりのATPの総消費量(0.83 ng/日・個)を掛け合わせれば，生物Ｘのからだ全体における１日当たりのATPの総消費量を求めることができる。

0.83〔ng/日・個〕 × 4.0×10^6〔個〕＝3.32×10^6〔ng/日〕
≒3.3〔mg/日〕

102…③

問３　光合成に関する対照実験を考案する問題である。近年の共通テストでは頻出の内容なので，しっかりと解答のポイントを習得しておきたい。

☞**対照実験**
結果を検証するための比較対象を設定した実験。比較する要因のみを変化させた実験を行う。

> **解答のポイント**
>
> 可能性［1］: 光の影響でpH指示薬の色が変化した。
>
> “光”そのものがpH指示薬に与えた影響を確かめる対照実験を考案すればよい。
>
> →ⓒ：pH指示薬のみが入った試験管に光を照射する実験。
> →結果：pH指示薬の色の変化がみられなければよい
> (pH指示薬が黄赤色のままであればよい)
>
> 可能性［2］: 光合成以外の何かしらの反応により，試験管内の二酸化炭素量が変化した。
>
> ピーマンに“光合成をさせない”環境下で，pH指示薬にどのような変化が起こるかを確かめる対照実験を考案すればよい。
>
> →ⓔ：pH指示薬と緑色のピーマンの果肉の断片が入った試験管にアルミニウム箔を巻き，光を照射する実験。
> →結果：pH指示薬が赤紫色にならなければよい
> (おそらく，ピーマンの呼吸によりpH指示薬は黄色になる)

103…⑥

問4 ① 正しい。遺伝子として働くのはゲノムDNAの一部の領域のみであり，ヒトでは全ゲノムDNAの1.5%ほどである。

②・③ どちらも誤り。個体を形成するほとんどの細胞は，それぞれ分化した状態であっても全て同じ遺伝子を保有している。それでも細胞の種類ごとに形や働きが異なるのは，分化の際に発現する遺伝子の組合せがそれぞれ異なるためである。したがって，同一人物において皮膚の細胞と心臓の細胞を比較した際，核にある遺伝子の塩基配列は同じだが，細胞質にあるmRNAの種類は異なる。

④ 誤り。全ての生物が，遺伝子としてDNAを持っており，RNAを遺伝子として利用しているものは原核生物にも真核生物にもいない。

⑤ 誤り。ゲノムの大きさ(塩基対数)も遺伝子数も生物の種類ごとに異なる。例えば，ヒトのゲノムの大きさは約30億塩基対，遺伝子数は約2万個であるが，大腸菌のゲノムの大きさは約400万塩基対，遺伝子数は約4400個である。

☞ 様々な生物のゲノムの塩基対数と遺伝子数

	ゲノムの総塩基対数	遺伝子数
大腸菌	400万	4400
酵　母	1300万	6200
ショウジョウバエ	1億8000万	13700
ヒ　ト	30億	20500

104 …①

問5 遺伝子が働くとき，まずは，DNAが持つ遺伝情報が$_ア$転写によってmRNAの塩基配列として写し取られ，その後，mRNAの塩基配列が$_イ$翻訳によってタンパク質のアミノ酸配列に変換される。このように，遺伝情報を持つDNAの塩基配列(遺伝子)がmRNAに転写されたり，タンパク質に翻訳されたりすることを遺伝子の発現という。

遺伝情報は，原則としてDNA→RNA→タンパク質へと一方向に伝達される。この遺伝情報の流れに関する原則はセントラルドグマと呼ばれる。

105 …①

問6 ショウジョウバエの幼虫のだ腺細胞に含まれるだ腺染色体は巨大染色体であるため，通常の染色体と比べて遺伝子の発現が非常にダイナミックに行われる。したがって，遺伝子の発現の様子が顕微鏡下で観察しやすい。だ腺染色体では，遺伝子が発現された部分でパフと呼ばれるふくらみが現れる。パフでは転写が活発に行われているため，この部分には大量のmRNAが存在する。

① 正しい。発生時期の異なる幼虫ではパフの位置が異なっており，発現する遺伝子の種類が変わる様子を直接的に観察できる，興味深い例である。パフの位置の変化は『生物基礎』としては発展事項となるが，発生の進行や細胞の分化に伴って発現する遺伝子が変化することは知識としておさえておきたい。

☞だ腺染色体

ショウジョウバエやユスリカの幼虫のだ腺細胞に含まれる巨大染色体。核分裂せずにDNAの複製のみが繰り返された結果，普通の細胞の染色体の100～150倍もの大きさになる。

発展事項　発生の進行とパフの位置

卵からふ化した幼虫がさなぎになるにつれて，パフ(転写が活発に行われているところ)の位置が変化する。これは，発生が進むにつれて働く遺伝子の種類が変化することを示している。

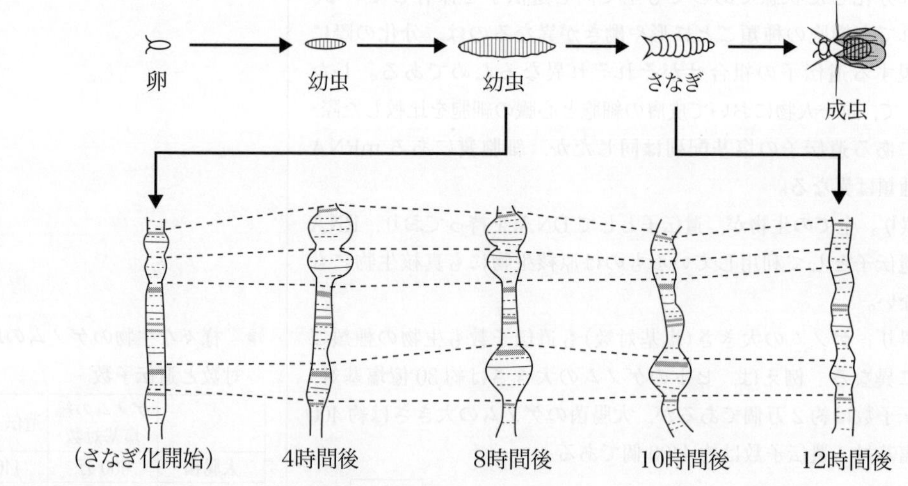

② 誤り。ピロニンはパフにあるmRNAを赤色に，メチルグリーンはしま状の部分にあるDNAを青緑色に染色するので，選択肢の記述は「赤色」と「青緑色」が逆になっている。

③ 正しい。だ腺染色体には，決まった位置に多数の横縞模様があり，遺伝子の位置を知る目安になる。

④ 正しい。ウラシル(U)はRNAには存在するが，DNAには存在しない塩基である。したがって，だ腺細胞に与えられた標識ウラシルはRNAの中に取り込まれるため，RNAを大量に含むパフの部分で標識が検出される。

106 …②

第２問 (体内環境の維持)

出題のねらい

Ａは血液について，Ｂは腎臓について出題した。問２と問３では，ヒロコさんとカオリさんの会話文に沿って，血液凝固の仕組みを実験から読み解く必要があった。問１と問４は，基本的な事項を扱っている知識問題であり，これらで失点しないように注意したい。問５では，表のデータから各血しょう成分の性質を考察していく必要があった。問６はグラフ選択問題であり，糖尿病と腎臓の働きの関係を理解しているかを試した。

問１ ① 誤り。血液全体の重量に対する血しょう成分の割合は約55%，血球成分の割合は約45%である。したがって，血しょう成分と血球成分の重量パーセントの比はおよそ2：1ではなく，11：9である。

② 正しい。組織液は，毛細血管から血液成分がしみ出て，組織の細胞間を流れる体液である。白血球の一種であるリンパ球な

☞**ヒトの体液**
- **血液**…血管内を流れる体液
- **組織液**…組織や細胞を浸す体液
- **リンパ液**…リンパ管内を流れる体液

どは，血管内から組織液中にしみ出て，リンパ管に入ってリンパ液の成分になることがある。

③ 誤り。血球は骨髄中にある造血幹細胞からつくられる。脊髄でつくられるわけではない。

④ 誤り。古くなった赤血球はひ臓や肝臓で破壊される。すい臓で破壊されるわけではない。

⑤ 誤り。ヒトの血球のうち，核を持つものは白血球のみである。赤血球や血小板は核を持たない。

〈ヒトの血液の成分〉

ヒトの血液の組成は，有形成分である血球が全体の約 45%を占め，液体成分である血しょうが残りの約 55%を占める。

・赤血球

呼吸色素であるヘモグロビン(Hb)という色素タンパク質を含み，酸素の運搬を行う。ヒトなどのほ乳類のものは無核で円盤状(鳥類や両生類などのものは有核で楕円形)。直径6～9 μm。

・白血球

呼吸色素を持たない有核の細胞で，リンパ球など様々な種類がある。細菌などの異物の処理(食作用)など，免疫反応に関係する。直径 8 ～ 20 μm(リンパ球は小形)。

・血小板

骨髄中の大形の巨核球の細胞質の断片からできている。無核，不定形の小片で，血液凝固に関係する。直径 2 ～ 4 μm。

・血しょう

弱アルカリ性(pH＝7.3)で，水が約 90%を占め，残りの約 10%はタンパク質，糖，脂肪などの有機物や無機塩類などからなる。

107 …②

問 2 ア 塩化カルシウム水溶液を加えなかった**処理 1** では血液凝固がみられなかったのに対して，加えた**処理 2** では血液凝固がみられたことから，塩化カルシウム水溶液には血液の凝固を促進する性質があることが分かる。

ブタの血液の処理に用いたクエン酸ナトリウムには，血液凝固に必要な Ca^{2+} を除去する働きがある。塩化カルシウムを加えることによって除去された Ca^{2+} が補充され，血液凝固が可能になったのである。

イ **処理 3** において，ガラス棒に絡みついた繊維状の物質はフィブリンである。フィブリンは赤血球などの血球に絡みつくことで血ぺいをつくる凝固因子である。トロンビンは，フィブリノーゲンを繊維状のフィブリンに変える酵素である。

ウ 血栓などにより血液の通り道が塞がれ，心臓の細胞に酸素が行き届かなくなることによって，心臓が働かなくなる病気を心筋梗塞という。心筋梗塞の原因の一つして，線溶がうまく機能しなくなることが挙げられる。がんは，遺伝子の異常によって

☞**線溶**

傷口や血管が完全に修復された後，血ぺいを分解する反応。

細胞が増殖し続けることが原因で生じる病気である。

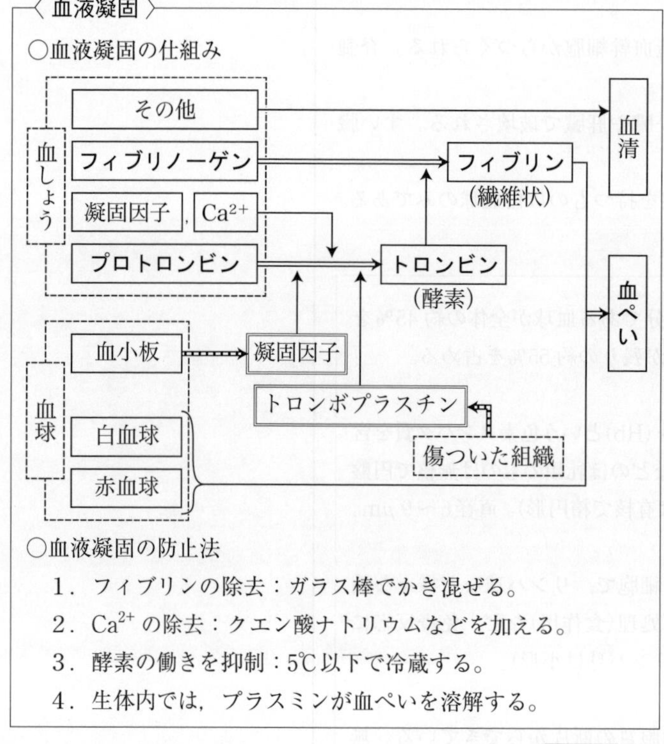

〈 血液凝固 〉
○血液凝固の仕組み
血しょう
その他
フィブリノーゲン
凝固因子
Ca^{2+}
プロトロンビン
血清
フィブリン
(繊維状)
トロンビン
(酵素)
血ぺい
血球
血小板
凝固因子
トロンボプラスチン
傷ついた組織
白血球
赤血球
○血液凝固の防止法
1．フィブリンの除去：ガラス棒でかき混ぜる。
2．Ca^{2+} の除去：クエン酸ナトリウムなどを加える。
3．酵素の働きを抑制：5℃以下で冷蔵する。
4．生体内では，プラスミンが血ぺいを溶解する。

108 …①

問3 ⓐ・ⓑ ⓐは誤りで，ⓑは正しい。**処理4**において，ブタの血液を遠心分離した後に生じた上澄みに塩化カルシウム水溶液を加えることによってフィブリンが生じたことから(フィブリンが生じたかどうかは，**処理3**の結果について言及しているヒロコさんとカオリさんの会話文から判断できる)，フィブリンはブタの血液の上澄みの液体部分に由来することを導き出すことができる。また，**処理4**の結果からは，フィブリンが血液の有形成分に由来することを導き出すことができない。

ⓒ 正しい。**処理4**においてフィブリンが生じたのは，塩化カルシウム水溶液中の成分が，血液の上澄みに存在するフィブリンの由来成分と何かしらの反応を起こしたためであると考えられる。

ⓓ 誤り。**処理3**と**処理4**では血の塊(血ぺい)がみられなかった。したがって，**処理3**と**処理4**の結果から，フィブリンが血球と混ざり合って塊をつくる性質を持つということを導き出すことができない。しかし，**問2**のイの解説の通り，フィブリンが赤血球などの血球に絡みつくことで血ぺいをつくるという事実は学習したであろう。とはいえ，あくまで本問は「会話文と**処理3**・**処理4**の結果のみ」から判断する考察問題であり，科学的に正しい事柄であったとしても，実験結果から導き出すことができない事柄を本問の正解にすることはできない。共通テストで，このような読解力や考察力を試す問題が出題される可能性もあるので，注意しよう。

☞ イはフィブリンなので，由来する成分とはフィブリノーゲンのことである。

109 …⑤

問4 ① 正しい。腎臓には約100万個のネフロン(腎単位)が存在し，ネフロンには腎小体(マルピーギ小体)と細尿管(腎細管)が含まれる。

② 正しい。腎小体は皮質にしか存在しないが，細尿管は曲がりくねった形状を持つため，皮質と髄質の両方に存在する。腎臓の構造図をしっかりと頭に叩き込んでおきたい。

③ 正しい。腎動脈には，心臓から送り込まれた老廃物を多く含んだ血液が含まれている。腎動脈からの血しょうは，糸球体からボーマンのうへろ過されて原尿となる。

④ 正しい。細尿管では水以外の成分(グルコースやナトリウムイオン，カリウムイオンなど)も再吸収されるが，集合管ではおもに水が再吸収される。

⑤ 誤り。尿素は，肝臓において，アミノ酸が分解される過程で生じるアンモニアからつくられる。腎臓でつくられるわけではない。

〈 腎臓のネフロンの構造と機能 〉

○ネフロンの構造

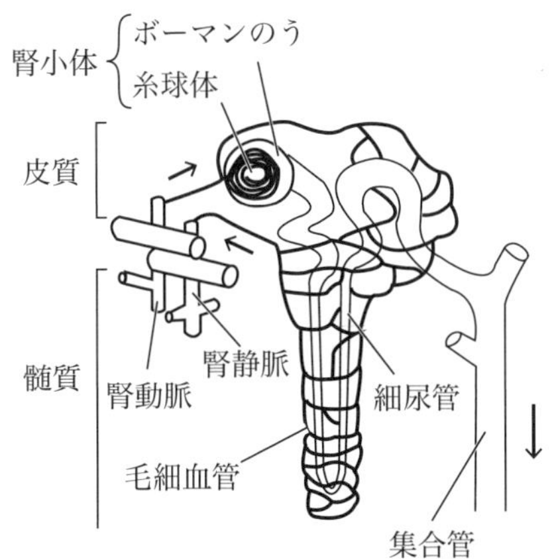

○腎臓の機能：ろ過と再吸収により尿を生成する

1．ろ過

腎臓に入った血液は，糸球体でろ過(糸球体の毛細血管壁には小孔があり，これを通過するものと通過しないものがある)されてボーマンのうに入り，原尿となる。

・ろ過される…水，グルコース，無機塩類，老廃物(尿素)など

・ろ過されない…タンパク質，血球

2．再吸収

原尿中のグルコースや水，無機塩類などの各種物質は，細尿管を通過する間に毛細血管へと再吸収される。細尿管を通過した原尿は集合管に送られ，ここでさらに水が再吸収されて，尿となる。

・100％再吸収……グルコース

・90％以上再吸収……水，無機塩類

・50％程度再吸収……老廃物(尿素)

110 …⑤

問５　本問では水の再吸収率が分かるデータがないことに注意して，表１から分かることを考えていこう。

①・②　どちらも誤り。表１において，タンパク質の血しょう中濃度が7％であるのに対して，原尿中および尿中濃度が0％なのは，タンパク質が糸球体からボーマンのうへ全くろ過されないからである。ろ過される場合は血しょう中と原尿中の濃度が一致する。

③・④　③は誤りで，④は正しい。表１において，ナトリウムイオンの血しょう中および原尿中濃度は0.32％，尿中濃度は0.35％である。このように両者で濃度があまり変わらないのは，ナトリウムイオンが水とほぼ同じ割合で移動しているからである。したがって，ナトリウムイオンの再吸収率は水の再吸収率と同程度であることが分かる。

⑤・⑥　どちらも誤り。表１において，尿素の血しょう中および原尿中濃度は0.03％，尿中濃度は2.0％である。このように原尿中濃度に対して尿中濃度が高い値を示すのは，尿素があまり再吸収されていない，もしくは全く再吸収されていないからであるが，このデータだけではどちらであるか判断できない。なお，実際は尿素も一部が再吸収されている。

☞「水の再吸収率が分かるデータ」とは次のようなデータである。
・単位時間当たりの原尿量と尿量
・イヌリン(全く再吸収されない物質)を注射した後の原尿中と尿中のイヌリン濃度，または濃縮率

111 …④

問６　次のような手順で考えていくとよい。

解答のポイント

本問のようなグラフ選択問題では，少しでもミスを減らすために，題意に基づかないグラフを選択肢から確実に外していくとよい。

題意１：設問文より「原尿中のグルコース量がある一定の値になるまでは，グルコースは全て再吸収されるため尿中に排出されない」
→点線(グルコースの尿中への排出量)のグラフは途中から出現するはず
→①，③，⑤，⑦を選択肢から外す

題意２：設問文より「その値以上になると，再吸収しきれなかったグルコースが尿中に排出される」
→実線(グルコースの再吸収量)のグラフは頭打ちになるはず
→②，④を選択肢から外す

題意３：以上より，原尿中のグルコース量がある一定の値以上になると，原尿中のグルコース量と比例して尿中へ排出されるグルコース量も増えていくと考えられる。
→点線のグラフは頭打ちになっていないはず
→⑧を選択肢から外す

残った⑥が正解となる。

112 …⑥

第３問（多様性と生態系）

出題のねらい

Ａでは植生の遷移について，Ｂでは生態系のバランスと外来生物について出題した。問１・問６は，教科書に記載のある基本的な事項を扱った知識問題であった。問２・問３では，教科書内容の理解をもとに，大学キャンパス内の森林環境などをヒストグラムから分析していく必要があった。問４・問５は，身近なところから生態系のバランスを乱す原因について考える問題とした。

問１　①・③　どちらも誤り。一次遷移の初期段階では土壌は形成されておらず，植物も存在しないが，この段階で先駆植物（パイオニア植物）が定着することで，土壌の形成が始まる。したがって，土壌が発達する前にはすでに植物が進入している。

②　誤り。地下の母岩が露出した場所では土壌や植物が存在しないため，このような場所から始まる遷移は，二次遷移ではなく一次遷移である。

④　正しい。先駆植物（パイオニア植物）が定着することで土壌中の保水力や栄養分が増え，他の植物も進入することができるようになる。

⑤　誤り。遷移の初期に出現する植物の果実や種子は小さくて軽く風によって運ばれやすいため，他の生物が存在しない場所にも進入して先駆植物になることができる。一方，後期に出現する植物の果実や種子は大きくて重い。

〈遷移に伴う変化〉

		遷移初期	遷移後期
植　物	種子の分散能	高　い	低　い
	階層構造	単　純	複　雑
	強光下での成長速度	大きい	小さい
環　境	土　壌	未発達	発　達
	栄養塩類	少ない	多　い
	地表部に届く光の強さ	強　い	弱　い

113 …④

問２　資料１より，この森林区画には胸高直径が 25 cm 以上の高木が比較的多く存在していることが分かる。また，会話文中に「林冠を形成していると推測できる」とある。したがって，この森林の林床へ届く光は少なく，森林内の環境は比較的暗いと考えられる。また，この環境では低木の陽生植物が育つことができず，林床の植物種数は限られていることが推察される。資料１で胸高直径０～５ cm 以下の樹木の本数が極端に多いことから，林床の植物種数も多いと考えてしまった受験生もいただろうが，ここでは，高木の数に準じて考えていくのが妥当である。

114 …④

☞**一次遷移と二次遷移**

噴火直後などの土壌がない場所から始まる遷移を一次遷移，既に土壌が形成されている場所から始まる遷移を二次遷移という。

問３　資料２で調査した木(コーヒーのシミで名称が見えなくなった木)を便宜上，樹木Ｘとする。資料２より，この森林区画では，胸高直径が25 cm以上の樹木Ｘが45本ほど存在していることが分かる。資料１において，胸高直径が25 cm以上の樹木が65本ほど存在していることから考慮すると，樹木Ｘはこの森林区画の優占種$_{イ}$であると推察される。また，資料２において，胸高直径が5 cm以下の幼木がほとんどみられないことから，樹木Ｘでは，高木ばかりが成長して幼木の成長が妨げられていることが読み取れる。したがって，樹木Ｘはこの森林で遷移が進んだ後$_{ウ}$はほとんどみられなくなることが推察される。樹木Ｘのような，遷移の途中で消失する高木の樹木は$_{エ}$アカマツやコナラ，クヌギなどの陽樹であると考えられる。

115 …③

〈遷移の流れ(植物例は日本の暖温帯)〉

裸地・荒原 → 草原 → 低木林 → 陽樹林 → 混交林 → 陰樹林

① 裸地・荒原：土壌がないため，保水力が弱く栄養塩類が乏しい。先駆植物(パイオニア植物)が進入し，土壌形成が始まる。
植物例：地衣類，コケ植物

② 草原：種子の散布力が大きい草本が進入する。徐々に腐植土が堆積して，土壌の保水力が増し，栄養塩類が増える。
植物例：ススキ・チガヤ・ヨモギ・イタドリ

③ 低木林：陽樹の低木が進入し，生育する。
植物例：ヤマツツジ・オオバヤシャブシ

④ 陽樹林：強光下での生育に適した陽樹が成長し，林が形成される。
植物例：アカマツ・クロマツ

⑤ 混交林：林床の照度が低下し，光補償点の高い陽樹の幼木は生育しにくくなるが，光補償点の低い陰樹の幼木は生育する。
植物例：アカマツ・スダジイ・アラカシ

⑥ 極相林：陽樹が枯れ，陰樹のみの森林になる。陰樹林は安定的に維持され極相(クライマックス)となる。
植物例：スダジイ・アラカシ・タブノキ・クスノキ

問４　①　埋め立てなどにより**干潟**の面積は増大しているのではなく減少しているので，誤り。干潟が減少すると栄養塩類や有機物が川からそのまま内湾に流れ込み，富栄養化(③)を進行させることになる。

②　正しい。温室効果ガスの増加は**地球温暖化**をもたらし，生態系に大きな影響をおよぼす。例えば北極の氷が溶けることによるホッキョクグマの生息地の減少や，サンゴから共生藻が離れることによるサンゴの白化現象などが報告されている。

③　正しい。湖や海に多量の栄養塩類が流入して**富栄養化**が起こると，植物プランクトンが異常に増殖して海では**赤潮**を，湖では**アオコ(水の華)**を発生させることがある。異常に増殖した植物プランクトンが水中の光を遮って植物の生育を阻害したり，

☞**干潟**
川から流れてきた栄養塩類や有機物を浄化する作用が高い。

☞**温室効果ガス**
地表から放射される熱を吸収して地表に再放射することで地表の温度を上昇させる，二酸化炭素やメタン，フロンなど。

魚介類のえらを塞いで窒息死させたりするだけでなく，植物プランクトンの多量の死骸を分解するために多量の酸素が使われて水中の酸素が欠乏するため，生物の大量死を招くこともある。

④ 正しい。かつて農薬として使用された **DDT** が生物濃縮によって鳥類の体内で高濃度に蓄積されると，その鳥類の卵の殻がもろくなることがある。1960 年代のアメリカやイギリスでは，DDT の生物濃縮が原因でワシなどの猛禽類の卵が割れやすくなり，個体数を激減させた。

116 …①

問 5 ① 外来生物とは，人間活動によって本来の生息場所から別の場所へもちこまれ定着した生物のことなので，誤り。

② 自然状態では交雑することのない外来生物と在来生物が交雑すると，在来生物がもつ遺伝的な特性が失われることになる(**遺伝的攪乱**)ので，問題にならないとは言えない。よって，誤り。

③ 正しい。他の生息場所からもちこまれた生物が全て定着して外来生物になるわけではない。はじめにもちこまれる個体数はごく少数であることが多いので，天敵がいたり餌がなかったりすると，あっという間に全滅してしまうだろう。外来生物が在来生物よりも増殖するためには，生息場所や餌を奪い合う競争相手がいない(少ない)ことや繁殖力があることなども条件となるのだが，都市化などにより生態系のバランスが崩れていてると隙ができて侵入しやすくなる。

④ 外来生物であっても駆除には慎重になる必要がある。例えば特定外来生物として指定されているウシガエルは，国内への導入から長い年月が経過しているため生態系の中で何らかの重要な役割を果たすようになっている場合が多い。ウシガエルが主な高次消費者となっている池沼でウシガエルの駆除を行うと，ウシガエルに捕食されていたアメリカザリガニなどの低次消費者が増加し，ヒシなどの生産者が食い尽くされてしまうことがある。生産者の激減はその生態系に含まれる生物の絶滅にもつながる。このように，直接的な被食－捕食の関係にない生物どうしも，何らかの影響を与え合うことがあり，これを間接効果という。

117 …③

問 6 動物では，オオクチバス，ブルーギル，ウシガエル，アライグマ，フイリマングースなどが特定外来生物に指定されている。②のアホウドリは，羽毛をとるために乱獲されて個体数が激減した絶滅危惧種である。種の保存法によって保護され，販売や譲渡，捕獲が禁止されている。伊豆諸島の鳥島では，1981 年には 170 羽にまで減っていたアホウドリの保護活動が行われ，2014 年には 3500 羽を超えるまでの増殖に成功している。

118 …②

☞**生物濃縮**
生物に取り込まれた体内で分解・排出されにくい物質が，取り込んだときよりも体内で高濃度に蓄積される現象。

第３回　解答と解説

問題番号(配点)	設問		解答番号	正解	(配点)	自己採点
第１問(15)	A	1	101	1	(各３)	
		2	102	8		
	B	3	103	3		
		4	104	4		
		5	105	6		
自己採点小計						
第２問(18)	A	1	106	4	(各３)	
		2	107	3		
		3	108	2		
	B	4	109	6		
		5	110	5		
		6	111	2		
自己採点小計						

問題番号(配点)	設問		解答番号	正解	(配点)	自己採点
第３問(17)	A	1	112	3	(2)	
		2	113	5	(各３)	
		3	114	6		
	B	4	115	2		
		5	116	6		
		6	117	1		
自己採点小計						

自己採点合計

解　説

第1問 (生物と遺伝子)

Aでは細胞の構造や代謝について，Bでは細胞周期とDNAの構造や複製についての知識の定着を試した。問3では細胞周期の計算問題を出題したが，細胞周期の時間だけでなく，誤差が生じる理由に関しても考える必要のある問題とし，思考力を試した。問われている内容をよく確認し，ミスのないようにしてほしい。

問1　ネンジュモはシアノバクテリアの一種で，原核生物である。葉緑体などの細胞小器官は持たないが，細胞中に光合成色素や光合成に必要な酵素を持ち，光合成を行うことができるので，①は正しい。植物細胞はミトコンドリアを持つので，②は誤り。ヒトの座骨神経細胞(約1 m)やニワトリの卵細胞(約2.5 cm)など，肉眼で確認できる細胞は多く存在するので，③は誤り。大腸菌は原核生物であり，ミトコンドリアなどの細胞小器官は持たないので，④は誤り。なお，原核生物も呼吸に必要な酵素は持つので，呼吸を行うことはできる。動物の細胞は細胞壁を持たないので，⑤は誤り。ヒトの赤血球など，分化の過程で核が失われ，DNAを持たなくなる細胞も存在するので，⑥は誤り。

101 … ①

問2　「このような反応の例として，植物の葉緑体で行われるものがあり」という記述から，ア は光合成などの同化であるとわかる。同化の過程では有機物が「合成」される。光合成の過程では，光エネルギーを利用したATPの合成と，そのATPを分解して得られるエネルギーを利用した有機物の合成が行われるので，イ は「合成と分解」である。ATP分子は分子内のリン酸どうしの高エネルギーリン酸結合にエネルギーを貯蔵するので，ウ は「リン酸どうし」である。

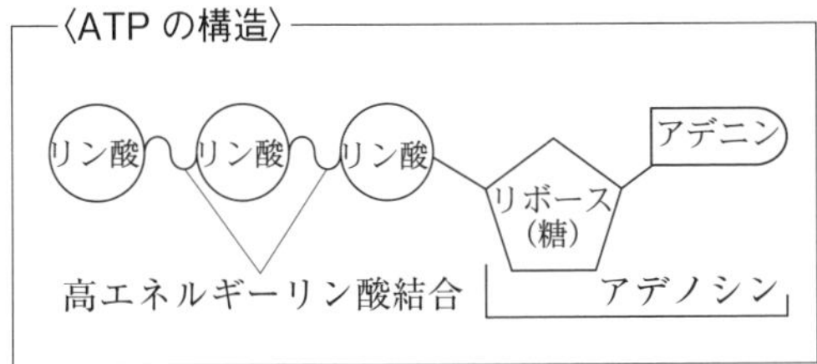

102 … ⑧

問3　細胞周期の各期に要する時間の比は，観察された各期の細胞数の比と一致すると考えてよい。よって，まず480個の細胞が全て細胞周期にあるとするとき，細胞周期の時間をx時間とすると，

20個：480個＝分裂期の時間：細胞周期

となる。これを解くと，

$$x=\frac{480\times 0.5}{20}=12(\text{時間})$$

となり，細胞周期は12時間と推測値を求めることができる。しかし，実際には480個の細胞に細胞周期から外れたものが含まれていた。ここで，y個の細胞が細胞周期から外れていたとし，実際の細胞周期の理論値をx'時間とすると，

$$x'=\frac{(480-y)\times 0.5}{20}=12-\frac{y}{40}(\text{時間})$$

となるので，理論値は推測値よりも短い値となる。「最初に求めた値(12時間)が実際よりも長いか短いか」ではなく，「最初に求めた値(12時間)と比べ，実際の細胞周期は長いか短いか」と問われているので，④を選んでしまわないように気を付けよう。

103 … ③

問4　DNAの塩基の割合はシャルガフの規則に従い，GとCの割合，AとTの割合がそれぞれ等しい。Aの割合が20%なので，Tも20%，GとCは30%ずつとわかる。また，片方の鎖(X鎖)の21%がGとされている。もう一方の鎖(Y鎖)のGの割合をg%とすると，X鎖の21%とY鎖のg%の合計は，2本のヌクレオチド鎖全体の30%となる。これらの21%やg%は，X鎖とY鎖をそれぞれ100%とした割合であるので，

$30=\frac{21+g}{2}$ が成り立つ。これを解くと，g＝39と求めることができる。

104 … ④

問5　もとの古いヌクレオチド(□)が重く，新しいヌクレオチド(■)が通常の重さということなので，それに従って ⓐ～ⓒの複製後のDNAの重さを考えよう。ⓐの全保存的複製では，1分子は□のみ，もう1分子は■のみで構成されているので，重いDNAと通常のDNAが1：1になるため，全て中間の重さになったという結果とは矛盾する。一方，ⓑの半保存的複製とⓒの分散的複製では，□と■が半分ずつ含まれたDNAが2分子できるので，全て中間の重さになったという結果と矛盾しない。よって，否定されないものはⓑとⓒになる。実際のDNAの複製様式は分散的複製ではなく半保存的複製だ

が，それは通常の重さのヌクレオチドだけを与え，もう一度分裂させると確認することができる。

105 … ⑥

第2問 (生物の体内環境の維持)

Aでは体液の濃度調節について，Bでは免疫について出題した。問2ではカニの体液濃度調節について出題したが，カニはヒトとは異なり主に水中で生活しているので，常に外液と体液の間で水の出入りが起こる可能性があることを理解しておこう。免疫については，インフルエンザやアレルギーについて出題した。インフルエンザは強毒性の新型インフルエンザの発生が予想され，対策が必要であるとされている。入試問題としても引き続き免疫の範囲は問われやすいと考えられるので，この機会に理解を深めておいてほしい。

問1　アルブミンはタンパク質なのでろ過されることはないため，①は正しい。尿素は糸球体からボーマンのうへ移行するが，細尿管や集合管で，水とともにある程度再吸収される。尿素は老廃物なので積極的に再吸収されることはなく，その再吸収率は水の再吸収率(99%程度)より低い。よって，②は正しい。グルコースは腎小体でろ過され，細尿管で全て再吸収されるので，③は正しい。水の再吸収率は体内の水分量に応じて変化し，それにともなって物質の濃縮率も変化するので，④は誤り。全く再吸収されない物質の濃縮率は，原尿の体積を尿の体積で割った値と等しくなるので，⑤は正しい。

106 … ④

問2　水中で生活している無脊椎動物の場合，体液の濃度調節を行っていない生物もいる。その場合，外液と体液の濃度は等しくなる。本問の河口に生息するミドリガニも，海水中ではそのような状態にあると考えてよい。しかし，河口に生息していると，降雨後に多量の淡水が流れてくるため，外液が低濃度になっていく。このとき，何の調節もしないでいると体液の濃度はどんどん低下し，生存が危ぶまれるような状態になりかねない。そこで，ミドリガニは外液よりも体液をやや高濃度の状態に保つような調節を行っている。具体的には，体内の水を排出し，体外から塩類を取り込んでいる。

107 … ③

問3　バソプレシンは体液の濃度が高くなったとき，腎臓の集合管での水の再吸収を促進し，尿量を減少させるとともに体液の濃度を低下させるホルモンである。図1からは，健康なマウスでは血液中の塩類濃度が増加すると，バソプレシン濃度も高くなることが読み取れる。一方，マウスPでは，健康なマウスよりもバソプレシンが過剰に分泌されていることが読み取れる。このような状態でも多尿であるということは，マウスPはバソプレシンに対する感受性が低下していると考えられるため，「バソプレシン受容体の機能阻害」という処置を受けているのではないかと推測される。一方で，マウスQではバソプレシンがほとんど分泌されていない。

〈カニの体液の濃度調節〉

外洋に生息するカニ(ケアシガニ)は体液の濃度調節を行わないが，河口に生息するカニ(ミドリガニ)や海と川を行き来するカニ(モクズガニ)は，外液の塩類濃度に依存して体液の濃度調節を行う。

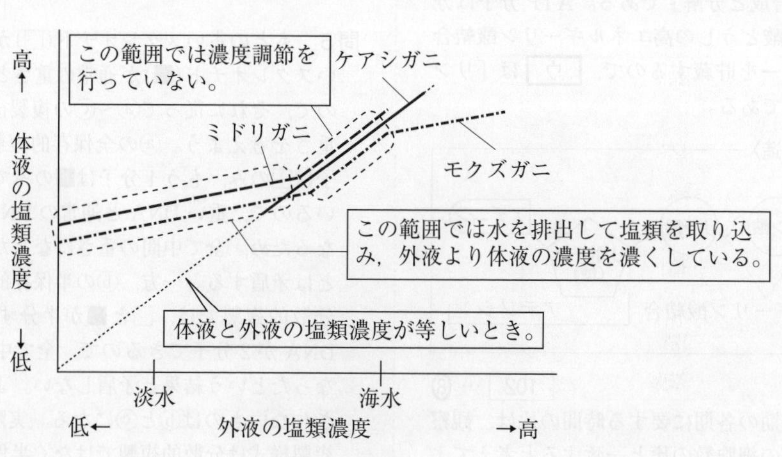

バソプレシンは視床下部の神経分泌細胞で合成された後，脳下垂体後葉まで伸びた神経分泌細胞の内部を通って運ばれ，脳下垂体後葉において血液中に分泌される。マウスQは，この働きが阻害されていると考えられるので，「視床下部の神経分泌細胞の破壊」という処置を受けている可能性が高い。なお，「視床下部と脳下垂体の間の血管の切除」を行った場合，視床下部から脳下垂体前葉へ各種の放出ホルモンが運ばれなくなる。バソプレシンの分泌には放出ホルモンが関わっていないので，このような処置をしても多尿にはならないと考えられる。

〈視床下部と脳下垂体〉

脳下垂体後葉へは，視床下部の神経分泌細胞の一部が軸索という長い突起を伸ばしており，合成されたバソプレシンは小胞に包まれた状態で輸送される。そして，この神経分泌細胞の軸索末端からホルモンが分泌される。

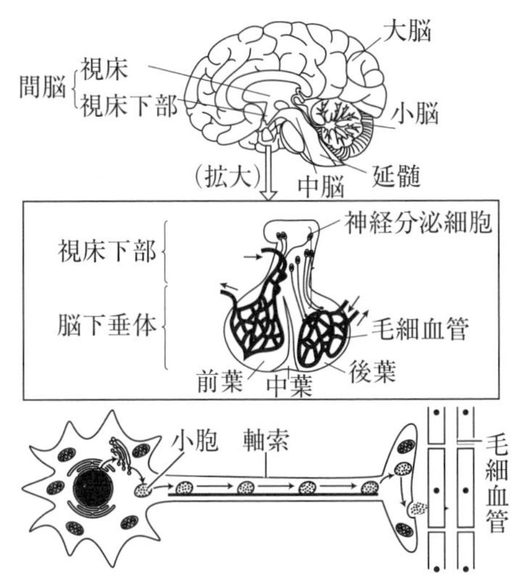

108 … ②

問４　会話文より，ワクチンにはA型インフルエンザウイルスについて２種類の亜型の成分が含まれるとされている。一方，A型インフルエンザウイルスは16種類のHタンパク質と９種類のNタンパク質を持っており，その組合せによって亜型が決まるということなので，亜型は全部で $16 \times 9 = 144$ 種類存在することになる。よって，144種類のA型インフルエンザの出現確率が種類によらず等しいとしたとき，ワクチンに含まれる２種類が，流行する１つの亜型と一致する確率は，$\frac{2}{144} = \frac{1}{72}$ となる。この確率だけを見ると，ワクチンを接種しても流行するインフルエンザを予防できないことが多くなるように思えるが，「南半球での流行状況から，次のシーズンに北半球で流行する亜型を予想」してワクチンを製造していることもあり，ワクチン中のインフルエンザの亜型と流行するインフルエンザの亜型が一致する確率は上述のものよりは高いと考えられる。また，A型インフルエンザウイルスは突然変異を起こしやすく，同じ亜型でも異なる株を生じやすい。株が異なるとHタンパク質やNタンパク質にわずかな違いが生じるため，免疫記憶が役に立たなくなってしまうことも考えられる。

109 … ⑥

問５　ワクチンには弱毒化したウイルスや細菌をそのまま用いているものや，病原体の一部だけを用いているものなどがある。前者を生ワクチン，後者を不活化ワクチンというが，それぞれ効果が異なる。生ワクチンにはBCG(結核のワクチン)などがあるが，これは体液中に浮遊しているものがB細胞によって認識されるだけでなく，接種されたヒトの細胞内に侵入するので，感染細胞からキラーT細胞に提示され認識される。一方，不活化ワクチンには，本問のインフルエンザワクチンなどがあげられる。不活化ワクチンは，B細胞によって認識されるものの，接種されたヒトの細胞内に侵入する力は持っていないため，感染細胞からキラーT細胞に提示されることはない。よって，生ワクチンでは体液性免疫と細胞性免疫の両方が誘導されるのに対し，不活化ワクチンでは細胞性免疫が誘導されにくく，ワクチンの効果が低くなると考えられている。

解答のポイント

B細胞とT細胞では抗原の認識のしかたに違いがあることを確認しよう。

・B細胞：体液中の異物と直接結合して認識する。
・キラーT細胞：感染細胞や樹状細胞からの提示を受けて認識する。

110 … ⑤

問６　花粉症などのアレルギーは適応免疫(獲得免疫)の過剰な反応によって引き起こされる。よって，自然免疫に働く好中球を抑制しても改善を期待できないが，適応免疫を開始させる樹状細胞や，適応免疫で働くキラーT細胞やB

細胞を活性化させるヘルパーT細胞を抑制することができれば，症状が改善される可能性がある。

111 …②

第3問（生物の多様性と生態系）

Aでは生態系のバランスについて，キーストーン種や生物濃縮に関する理解を試す内容を，Bでは植生の遷移やバイオームについて出題した。

問1　図1の生物の集団では，紅藻や植物プランクトンが生産者，ヒザラガイ，カサガイ，フジツボ，イガイ，カメノテが一次消費者，イボニシが二次消費者である。ヒトデは二次消費者でもあり，三次消費者でもある。被食者と捕食者の関係が直線的に連なっている様子は食物連鎖と呼ばれるが，実際のつながりは図1のように網の目状になっており，食物網と呼ばれる。

112 …③

問2　図1の生物の集団からヒトデを取り除き続ける実験は，ペインという人物が行ったもので，ヒトデによる捕食を免れたイガイが増殖して岩の表面を覆いつくし，最後にはイガイ以外の生物がほぼ消失してしまうという結果になった。この場合，ヒトデが生態系のバランスを保つのに重要な種であったということになり，キーストーン種と呼ばれる。問題文中の「正の影響」「負の影響」という表現は，「ヒトデによる捕食が減ったという正の影響」という部分から，「正」が増殖に有利，「負」が増殖に不利な影響であると判断できるだろう。イボニシにとってイガイの増殖がイの増加をもたらしたとあるので，イには「食物」がふさわしいと考えられ，食物の増加は増殖に有利なことなので，ウには「正」がふさわしいと考えられる。

113 …⑤

問3　DDT(ジクロロジフェニルトリクロロエタン)は殺虫剤として利用された化学物質で，水や食物を介して生物の体内に入り込むと，分解されにくく排出もされにくい性質から体内に蓄積し，環境中よりも生物体内で高濃度になる現象が見られる。これを生物濃縮という。このような物質には，DDT以外にも，絶縁油として使用されたPCB(ポリ塩化ビフェニル)や，工場の排水に含まれ公害病の原因ともなったメチル水銀などの有機水銀がある。現在ではこれらの物質の合成，排出は厳しく規制されているが，過去に環境中に排出されたものは分解されずに海底や土壌中に残留しているし，人類が水銀を利用する限り，有機水銀の流出を完全に止めることはできない。各個人がこのような物質の危険性を認識したうえで，国や地域の枠を超えた全世界での連携によって，被害を抑え込む努力を続けていかなくてはならないだろう。

114 …⑥

問4　年平均気温が0℃程度でも，ある程度の降水量があれば針葉樹林が形成されるので，①は誤り。日本国内の標高700 m以下の地域は，ほぼ全ての地域で森林を形成するのに十分な降水量があり，気温も極端に低くはないので，人間による開発がなければ森林が形成されうると考えられる。よって，②は正しい。草原のバイオームには，熱帯のサバンナだけでなく温帯のステップも存在するので，③は誤り。草原のバイオームのうち，サバンナではアカシアなどの樹木が見られることも多いので，④は誤り。荒原のバイオームが形成される地域の特徴は，極端に気温が低いか，極端に降水量が少ないかであるので，⑤は誤り。荒原のバイオームであっても，サボテンやトウダイグサ，コケ植物やコケモモなどの植物が見られることもあるので，⑥は誤り。

115 …②

問5　火山の噴火で生じた場所のように植物が全く見られない場所では，太陽光が地表まで届くので地表は明るく，土壌がないので保水力はなく，湿度も低くなる。また，日中は直射日光によって地表が温められて気温が高くなりやすいが，地表を覆うものがないので，夜間は放射によって熱が失われやすく，気温が低くなる。遷移が進行して多くの植物が地表を覆うようになり，土壌も厚くなってくると，地表は暗くなり，湿度が高くなる。また，昼夜の気温の変動幅は小さくなっていく。

116 …⑥

問6　P種とQ種が生育している森林は，遷移が始まってから200年近くが経過しているとされている。下線部(b)から，火山の噴火後から極相に達するまで1000年以上の年月がかかるとあるので，この森林はまだ極相に達していない。また，図2よりこの森林は幹の直径が異なる2種が混在している。さらに，リード文には，P種，Q種ともに樹高が最大で15 mに達する高木であるとされているため，陽樹林から陰樹林への遷移段階，つまり陽樹と陰樹が混在している状態ではないかと考えられる。陽樹と陰樹が混在した混交林では，林床が暗いため陽樹の幼木が生育できず，陰樹の幼木ばかりが生育していると考えられる。図 2 より，P 種は幹の直径の小さい個体が多い。よって，幼木が多いと考えられ，陰樹であると推定される。一方，Q 種は幹の直径の大きい個体が多いので，樹齢が P 種よりも高いと考えられるため，陽樹であると推測される。選択肢にあるタブノキ，アカマツ，オオバヤシャブシのうち，タブノキは遷移の後期に見られる陰樹，アカマツとオオバヤシャブシは遷移の初期に見られる陽樹である。このうち，オオバヤシャブシは低木であり，樹高は最大でも 10 m 程度にしかならない。以上より，P 種がタブノキ，Q 種がアカマツということになる。

117 … ①

〈遷移にともなう環境の変化〉

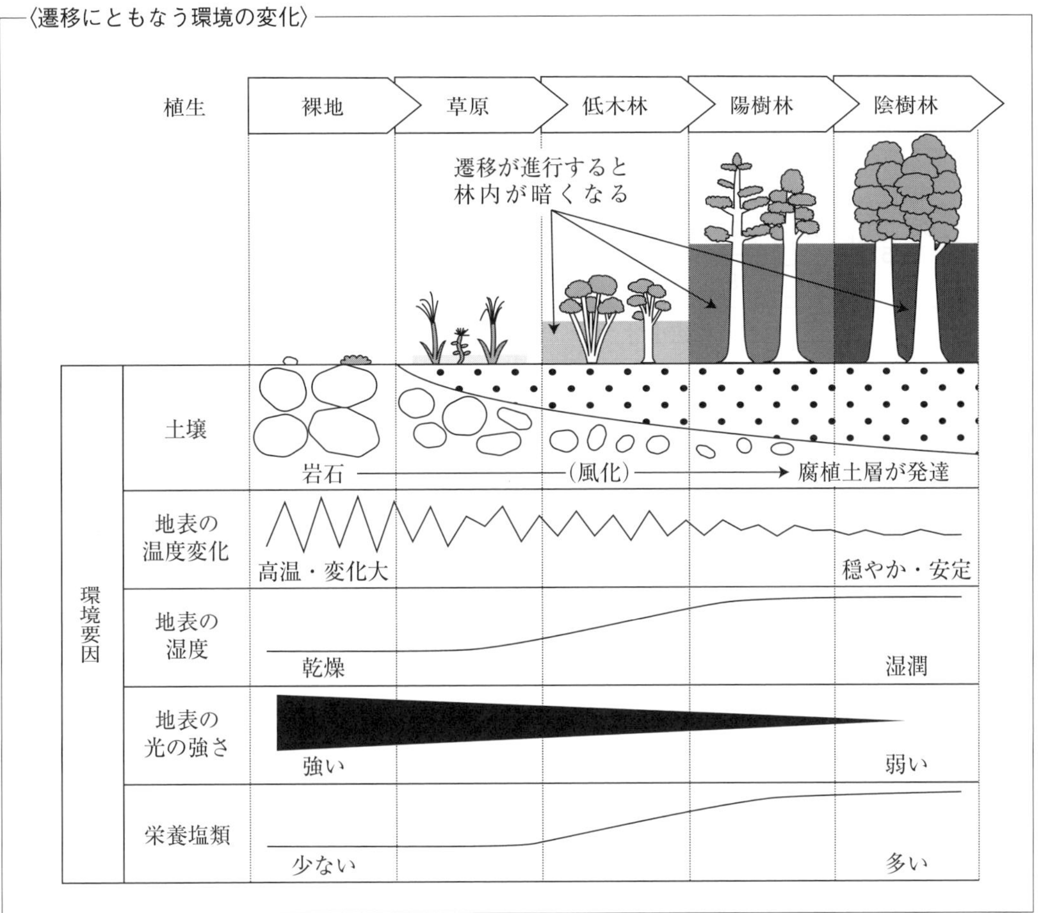

第4回　解答と解説

問題番号(配点)	設問		解答番号	正解	(配点)	自己採点
第1問 (17)	A	1	101	4	(2)	
		2	102	2	(各3)	
		3	103	3		
		4	104	6		
	B	5	105	2		
			106	8		
自己採点小計						
第2問 (18)	A	1	107	1	(各3)	
		2	108	3		
		3	109	2		
	B	4	110	1		
			111	1		
		5	112	4		
自己採点小計						

問題番号(配点)	設問		解答番号	正解	(配点)	自己採点
第3問 (15)	A	1	113	3	(各3)	
		2	114	6		
		3	115	4		
	B	4	116	5		
		5	117	5		
自己採点小計						

自己採点合計	

解　説

第 1 問 (生物と遺伝子)

出題のねらい

Aでは，酵素についての知識をもとに，実験結果を考察させた。Bでは，細胞周期についての理解と，グラフの読み取りや，計算力を試した。

問 1　触媒は，化学反応に必要な活性化エネルギーを下げることで，反応を促進するはたらきをもつ。反応の前後で触媒自体は変化せず，繰り返し同じ化学反応を促進することができる。触媒には無機触媒と酵素がある。生物体内で起こる化学反応を代謝といい，代謝を触媒しているのが酵素である。酵素の本体はタンパク質で，その立体構造に合致する物質(基質)にしか作用できないため，1種類の酵素が促進する化学反応は1種類である。酵素は，細胞内ではたらくものが多いが，消化酵素のように，細胞外に分泌されてはたらくものもある。

発展事項　酵素の性質

酵素の本体はタンパク質であり，タンパク質は高温になると立体構造が変化(変性)して，その機能を失う。そのため，あらかじめ肝臓片を加熱してから同様の実験を行うと，酸素の発生が見られない。一方，無機触媒である酸化マンガン(Ⅳ)は熱に強く，高温であるほど反応速度が大きくなる。

酵素には最適温度と最適 pH があり，酵素のはたらく場所の環境で最もよく作用できるようになっている。

101 …④

問 2　試験管Ⅰは対照実験とよばれるものである。石英砂はあらかじめ酵素活性がないとわかっている物質で，石英砂に過酸化水素水を加えても気泡の発生が見られないことから，この気泡の発生は酵素作用によるものであるということが確認できる。

102 …②

問 3　問1でも説明したように，酵素は反応の前後で変化せず，繰り返し同じ反応を促進することができる。よって，気泡の発生がとまったのは，酵素によって，過酸化水素がすべて分解されてしまったせいである。したがって，過酸化水素水を追加すれば，再び気泡の発生が見られる。一方，肝臓片を追加し，酵素の量を増やしても，酵素の基質となる過酸化水素はないため，気泡の発生は起こらない。

103 …③

問 4　ヒトの体細胞のゲノムは2組あること，そしてゲノム1つあたり30億塩基対であることから，60億塩基対，すなわち120億

第4回

塩基が複製されるのに10時間かかるということがわかる。

$$\frac{3\times10^{9}\times2\times2}{10\times60}=2\times10^{7}\text{ (塩基／分)}$$

なお，今回は設問文中にヒトゲノムDNAの塩基対数は約30億塩基対であるということを与えたが，この数値は覚えておこう。

☞ヒトゲノム
・塩基対数：約30億塩基対
・遺伝子数：約20000個

104 …⑥

問5　図1は，体細胞分裂時のDNA量の変化を表したもので，S期にDNAが合成されて，S期終了時にDNA量はG_1期の2倍となること，そして2倍になったDNA量はM期が終わるまでそのままであるということが読み取れる。よって，図2において，DNA量の相対値が2～4の間にある細胞は，間期のS期にあり，DNAが合成されている途中のものであると考えられる。また，DNA量の相対値が4の細胞はG_2期からM期の間にあると考えられる。

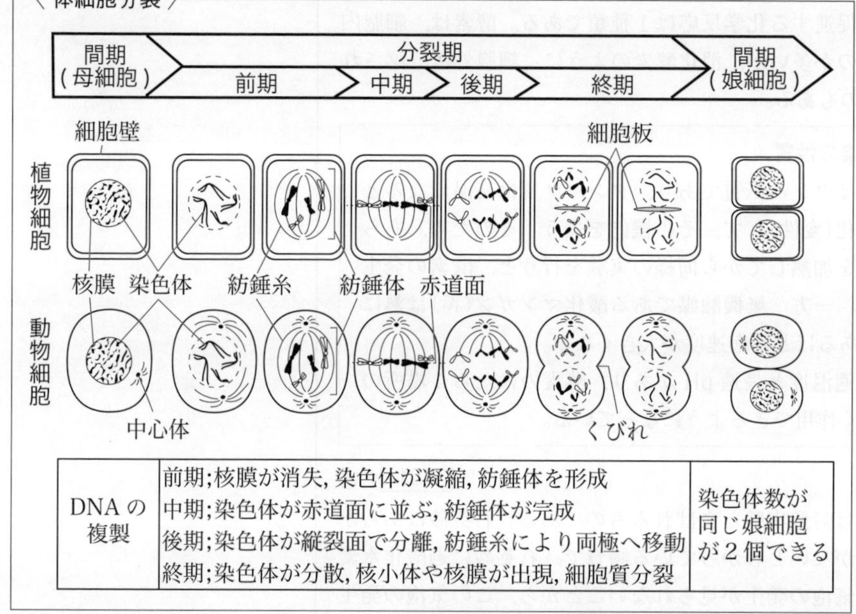
〈体細胞分裂〉
間期（母細胞）
分裂期
前期
中期
後期
終期
間期（娘細胞）
細胞壁
細胞板
植物細胞
核膜
染色体
紡錘糸
紡錘体
赤道面
動物細胞
中心体
くびれ
DNAの複製
前期;核膜が消失,染色体が凝縮,紡錘体を形成
中期;染色体が赤道面に並ぶ,紡錘体が完成
後期;染色体が縦裂面で分離,紡錘糸により両極へ移動
終期;染色体が分散,核小体や核膜が出現,細胞質分裂
染色体数が同じ娘細胞が2個できる

105 …②，106 …⑧

第2問（生物の体内環境）

出題のねらい

Aは腎臓の構造と尿形成のしくみについての理解を試した。苦手な受験生も多いと思われる濃縮率の計算問題も出題した。**B**は適応免疫のしくみについての知識と，拒絶反応についての実験考察問題を出題した。

問1・2　腎臓の機能単位はネフロン(腎単位)であり，1つの腎臓は約100万個のネフロンからなる。ネフロンは腎小体(マルピーギ小体)と細尿管(腎細管)からなる。腎小体は，糸球体とボーマンのうをあわせたものである。

腎臓に入った血液は糸球体でろ過されてボーマンのうに入り，原尿となる。糸球体の毛細血管壁には小孔があり，この小孔を通過できない大きな分子はろ過されない。具体的には，血球やタンパク質である。

原尿は細尿管を通過し，その間に各種物質が再吸収される。健康なヒトであれば，グルコースは100％再吸収される。また，水や無機塩類は90％以上，尿素も50％程度が再吸収され，再吸収されなかった分が老廃物として排出される。細尿管を通過した原尿は集合管へと送られ，ここでさらに水が吸収されて尿となる。よって，細尿管・集合管を経た尿には，グルコースとタンパク質は含まれていない。

尿は腎うへ集められ，輸尿管を通ってぼうこうで一時的に蓄えられたのち，体外に排出される。

107 …①，108 …③

問3　イヌリンは，腎臓でろ過された後，再吸収されないため，原尿中と尿中の物質量が等しい。このような物質の濃縮率と尿量から原尿量を求めることができる。

まず，イヌリンから濃縮率を求める。

$$濃縮率=\frac{イヌリンの尿中の濃度}{イヌリンの血しょう中の濃度}=\frac{12}{0.1}=120$$

設問文より，1分間あたり尿が1 mL 形成されるので，1時間で形成される尿は60mL であることから，原尿量は，60mL × 120 = 7200mL である。原尿および尿の密度が1g/mL であることから，原尿中のK^+の量は

$$7200(\mathrm{mL})\times1(\mathrm{g/mL})\times\frac{0.02}{100}=1.44(\mathrm{g})$$

また，尿中のK^+の量は

$$60(\mathrm{mL})\times1(\mathrm{g/mL})\times\frac{0.15}{100}=0.09(\mathrm{g})$$

この差が，再吸収された量なので，1.44(g) − 0.09(g) = 1.35(g)

109 …②

問4　実験1～3より，A系統マウスとB系統マウスは正常な拒絶反応を示すのに対し，C系統マウスは拒絶反応を示さない，免疫不全のマウスであることがわかる。

実験4では，A系統のマウス(MHC を A/A とする)とB系統のマウス(MHC を B/B とする)を交配しているので，生じたF_1マウスの MHC は A/B と表せる。このF_1マウスに MHC が A/A のA系統マウスの皮膚片を移植すると，F_1マウス自身もAという MHC を発現しているため，異物とはみなされず，皮膚片は生着すると考えられる。

実験5では，C系統マウスにあらかじめB系統マウスの血清を注射しているが，拒絶反応において主要な役割を果たすキラーT

☞**血糖濃度と糖尿病**

健康なヒトでは血糖濃度は約0.1％であるが，高血糖になると，細尿管でのグルコースの再吸収が間に合わず，尿中にグルコースが排出される糖尿病となる。糖尿病は，糖尿自体ではなく，高血糖により引き起こされる血管障害などの合併症が問題となる。

☞**尿素**

タンパク質の分解により生じた有毒なアンモニアは，肝臓の尿素回路で毒性の低い尿素へと変えられる。

細胞は血清中には含まれないので，Ｃ系統マウスはＡ系統マウスの皮膚片に拒絶反応を示さず，生着すると考えられる。

110 …①，111 …①

問５　自然免疫で排除しきれなかった異物を，特異的に排除する免疫を適応(獲得)免疫という。適応免疫は，Ｂ細胞由来の抗体により異物を排除する体液性免疫と，キラーＴ細胞が直接細胞を傷害する細胞性免疫に分けられる。

体液性免疫では，樹状細胞の抗原提示により活性化したヘルパーＴ細胞がＢ細胞を活性化し，Ｂ細胞は増殖して抗体産生細胞(形質細胞)へと分化して抗体を産生・放出する。

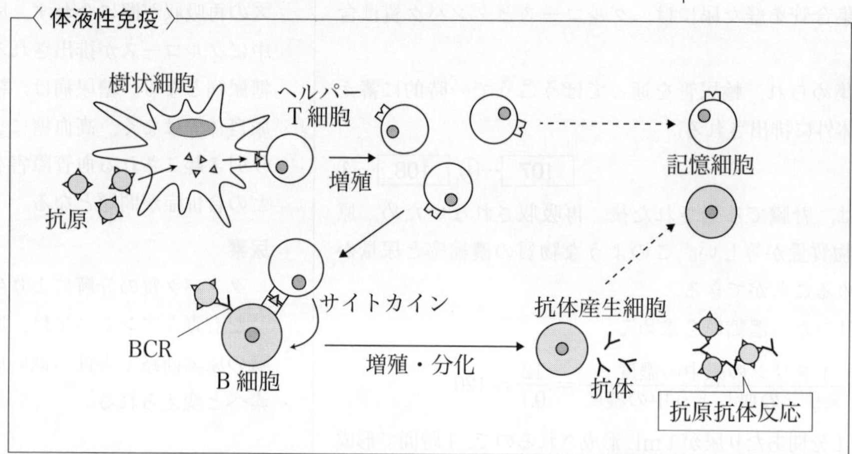

細胞性免疫では，樹状細胞の抗原提示により，ヘルパーＴ細胞やキラーＴ細胞が活性化され，キラーＴ細胞は感染細胞やがん細胞を直接攻撃し，排除する。

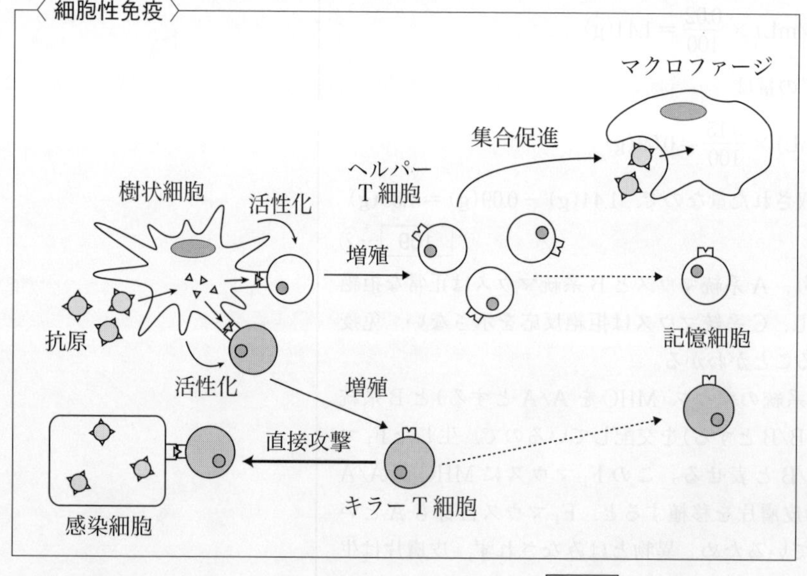

112 …④

第3問（生物の多様性・生態系）

出題のねらい

Aでは日本と世界のバイオームの分布についての知識を試した。Bでは生態系の成り立ちとその保全について，知識を試し，河川の浄化作用についての考察問題を出題した。

問1 日本は南北に長いため，緯度に応じて様々なバイオームが分布する。このような水平方向の分布を水平分布という。沖縄から九州南端は亜熱帯多雨林，九州から関東までの低地には照葉樹林，東北地方から北海道南部には夏緑樹林，北海道東北部の亜寒帯地域には針葉樹林が分布している。

〈水平分布〉

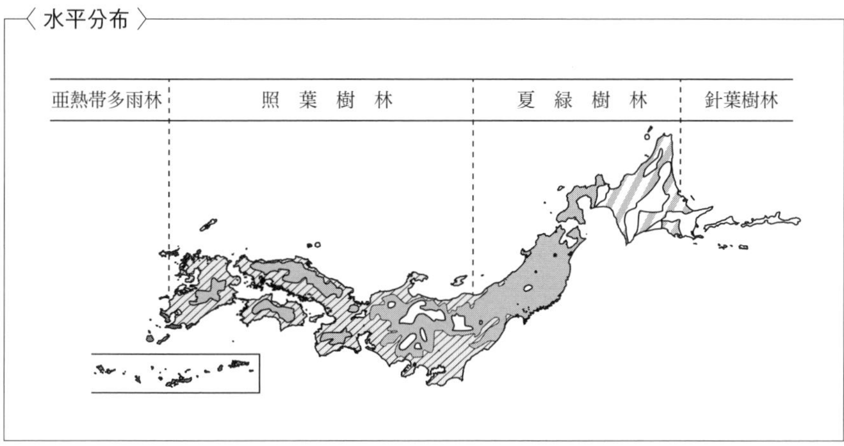

113 …③

問2 年平均気温が同じような地域では，年降水量の違いによってバイオームが異なる。熱帯地域では，年降水量が少ない方から砂漠，サバンナ，雨緑樹林，熱帯多雨林へと変化する。また，年降水量が十分ある地域では，年平均気温が高い方から熱帯多雨林，亜熱帯多雨林，照葉樹林，夏緑樹林，針葉樹林へと変化する。各バイオームで見られる代表的な植物種もよく問われるので，環境とバイオームの関係とあわせて覚えておきたい。

〈バイオームと代表的な植物種〉

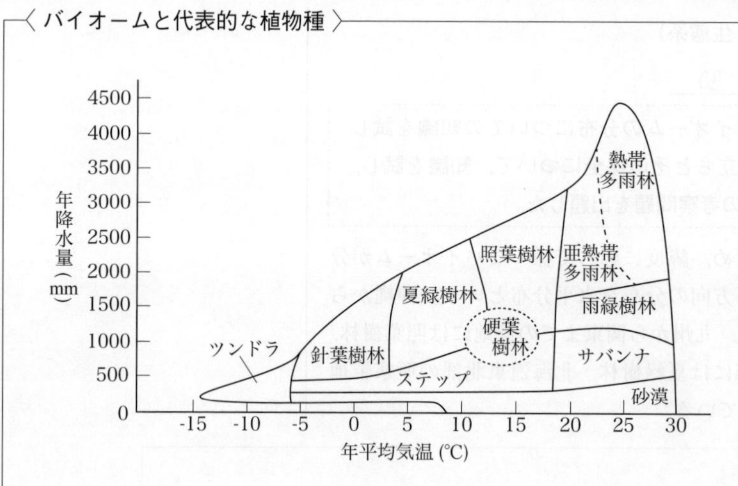

	バイオーム	代表的な植物種
森林	熱帯多雨林	フタバガキ，つる植物，着生植物
	亜熱帯多雨林	ビロウ，ヘゴ，アコウ，ガジュマル
	雨緑樹林	チーク
	照葉樹林	カシ，シイ，クスノキ，タブノキ
	硬葉樹林	オリーブ，コルクガシ，ゲッケイジュ
	夏緑樹林	ミズナラ，ブナ
	針葉樹林	トウヒ，エゾマツ，トドマツ，シラビソ
草原	サバンナ	イネ科の草本，少数の木本
	ステップ	イネ科の草本
荒原	砂漠	多肉植物(サボテン類)
	ツンドラ	地衣類，コケ植物

114 …⑥

問3　極端な低温条件下では，分解者の活動が抑制され，生物の遺体や排出物に含まれる有機物が分解されず，土壌中に蓄積していく。

① 有機物の分解が進まないと，栄養塩類がつくられないので，土壌中の栄養塩類は極端に少なくなる。よって，誤り。

② 植物は有機物ではなく，分解者によって有機物から合成された栄養塩類を吸収するので，誤り。

③ ツンドラには，トナカイのような大型の哺乳類は見られるが，両生類，爬虫類はほとんど見られない。よって，誤り。特に，恒温動物においては，寒冷地に生息するものは，温暖地の同属の仲間よりも体が大きい。これは，熱産生量が動物の細胞数，すなわち体積に比例し，体の大きい方が体温を保持しやすいからである。これをベルクマンの規則という。

115 …④

問4 非生物的環境と生物群集をあわせて生態系といい，非生物的環境が生物群集へ影響を与えることを作用，生物群集が非生物的環境に影響を与えることを環境形成作用(反作用)という。例えば，緑色植物の光合成速度は光の強さや二酸化炭素濃度に依存する(作用)。一方，緑色植物は光合成を行い，二酸化炭素を吸収し，酸素を放出することで気体の濃度を変えたり，葉を茂らせることで林床の環境を暗くしたりする(環境形成作用)。

絶滅種や絶滅のおそれのある生物種を把握するため，その生物の絶滅の危険度によってリストアップしたものをレッドリストという。レッドリストに基づいて，その生物の分布や生息状況をより具体的にまとめたものをレッドデータブックという。

116 …⑤

問5 生活排水に含まれる多量の有機物は分解者によって分解される。このとき，タンパク質などの有機窒素化合物が分解されると NH_4^+ が生じる。NH_4^+ は，硝化(細)菌のはたらきにより NO_3^- に変換され藻類などに取りこまれる。つまり，最初に増加しているAが NH_4^+，次に増加しているBが NO_3^- である。有機物の分解には酸素が消費されるため，生活排水流入地点から溶存酸素量は減少する。しかし，下流に行くにしたがい，有機物の分解がすすみ，消費される酸素が少なくなること，また藻類の光合成により酸素が合成されることから，溶存酸素は増加していく。よって，Cが溶存酸素である。BOD(生化学的酸素要求量)は水の汚れを表す指標であり，排水流入地点で最も高く下流に行くにしたがい減少するため，A～Cいずれも該当しない。

このように，自然界では，湖沼や河川，海に流入した有機物は微生物のはたらきにより分解・除去される。これを自然浄化という。自然浄化の範囲を超えて有機物が流入すると，水質汚染を引き起こす。

117 …⑤

☞**栄養塩類**

生物の遺体や排出物が分解者(細菌類や菌類)によって分解されて生じる無機物のうち，植物に吸収され，利用されるもの。窒素化合物やリン酸化合物など。

☞**硝化(細)菌**

生態系の窒素循環において，生物の遺体・排出物の分解や，窒素固定細菌の窒素固定により生じた NH_4^+ を NO_3^- にする硝化を行う細菌。亜硝酸菌は NH_4^+ を NO_2^- に，硝酸菌は NO_2^- を NO_3^- にする。

2024 共通テスト本試験　解答と解説

問題番号(配点)	設問		解答番号	正解	(配点)	自己採点
第1問(17)	A	1	1	5	(3)	
		2	2	2	(各4)	
		3	3	4		
	B	4	4	1	(各3)	
		5	5	4		
自己採点小計						
第2問(18)	A	1	6	4	(各3)	
		2	7	5		
		3	8	3		
	B	4	9	5		
		5	10	2		
		6	11	3		
自己採点小計						

問題番号(配点)	設問		解答番号	正解	(配点)	自己採点
第3問(15)	A	1	12	4	(各3)	
		2	13	5		
		3	14	3		
	B	4	15	2		
		5	16	1		
自己採点小計						

自己採点合計

解　説

第1問 (細胞と遺伝子の働き)

Aは細胞や遺伝子についての基本的な知識に基づく問題，Bは細胞周期のグラフをもとに，外的な要因で細胞周期が変化することについての考察問題が出題された。考察問題は発展的な題材が扱われていたが，教科書の知識があれば十分に考察できる。落ち着いてグラフを比較し，考察に必要なポイントを確認しておこう。

問1　原核細胞と真核細胞に共通する特徴とは，全ての生物に共通する特徴である。生物は細胞膜で外界と区切られ，必要な物質は細胞膜を介して出入りする。よって，④は正しい。また，代謝の仕組みを持ち，ATPや酵素を用いて様々な化学反応を行っている。このうち，単純な物質から複雑な物質を合成する反応を同化，複雑な物質を単純な物質に分解する反応を異化といい，生物は同化と異化の両方を行う。よって，①～③は正しい。一方，ミトコンドリアや葉緑体は原核細胞にはなく真核細胞のみに含まれる構造である。これらは原核細胞である好気性細菌やシアノバクテリアが原始的な真核細胞に細胞内共生することで獲得されたものだと考えられている。よって，⑤は誤り。

[1] … ⑤

問2　遺伝子やゲノム，DNAの違いに気をつけながら，選択肢の正誤を判断しよう。

① シャルガフの規則にしたがうと，DNA中のA(アデニン)とT(チミン)，G(グアニン)とC(シトシン)の数がそれぞれ等しい。よって，誤り。

② RNAに転写され，タンパク質に翻訳されるのは，ゲノムの一部にある遺伝子の領域のみである。よって，正しい。

③ 同一個体の体細胞は全て同じゲノムを持ち，異なる遺伝子が発現することで様々な器官に分化する。よって，誤り。

④ 単細胞生物の分裂は体細胞分裂と同様に，元と同じDNAが複製されてそれぞれの個体に分配される。よって，誤り。

⑤ 体細胞はゲノムを2セット，卵や精子はゲノムを1セット持つ。つまり，卵や精子は遺伝子の量は体細胞の半分になるものの，全種類の遺伝子を持っている。よって，誤り。

[2] … ②

問3　エイブリーの実験をなぞる実験考察問題である。エイブリーの実験を知らなくても，「S型菌の遺伝物質を取り込んだ一部のR型菌でS型菌への形質転換が起こり」とあることから，形質転換には遺伝物質であるDNAが必要であることが分かる。S型菌の抽出液のうち，DNAを分解する酵素で処理したものにはDNAが含まれていないため，ⓒでは形質転換が起こらないが，タンパク質やRNAを分解する酵素ではDNAは分解されないため，ⓐ，ⓑで形質転換が起こると考えられる。

[3] … ④

問4　細胞周期のそれぞれの時期で，細胞1個当たりのDNA量がどの程度であるかを確認しよう。間期のG_1期(DNA合成準備期)のDNA量を1とすると，S期(DNA合成期)にはDNA量が2倍になり，G_2期(分裂準備期)およびM期(分裂期)のDNA量は2倍のまま進む。そして M期の終期に起こる細胞質分裂と同時に半減し，G_1期と同量に戻る。図2で紫外線の照射を行った時期は，細胞分裂でDNA量が半減した直後なのでG_1期に相当する。

〈細胞周期とDNA量の変化〉

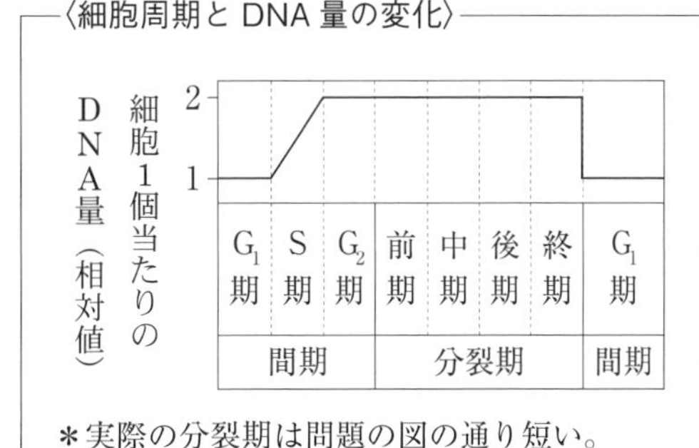

＊実際の分裂期は問題の図の通り短い。

[4] … ①

問5　図3より，化合物Zを加えた後にDNA量が倍加していることから，G_1期とS期は問題なく進行していることが分かる。また，図4より，DNA量が倍加した後の26時間後に凝縮した染色体が観察されていることから，G_2期や分裂前期(染色体の凝縮)も問題なく進行していると分かる。一方で，40時間後の細胞でも凝縮した染色体が細胞内にあり，分裂中期(染色体の赤道面への整列)や分裂後期(染色体の両極への移動)への移行が見られないことから，化合物Zによって染色体の分配が阻害されたことが読み取れる。

[5] … ④

第2問 (ヒトの体内環境の維持)

Aは血液の構成成分や役割についての総合的な知識問題，Bは人体模型を題材に腎臓の働きや構造に関する理解が試される問題が出題された。図中から正しいものを選択する問題では，単純に用語を覚えるだけでなく，その用語が何を表しているのかのイメージを持つと良いだろう。

問1 ① 血液は，有形成分の血球と，液体成分の血しょうからなる。よって，誤り。血清とは，血液が凝固した際にできる塊(血ぺい)の上澄みのことで，血しょうから血液凝固に必要な成分(フィブリノーゲン)を除いたものである。

② 血球のうち，最も数が多いのは赤血球である。よって，誤り。

③ 血しょうの構成成分のうち，大部分は水(約 90 %)であり，その他の溶存成分で最も多いのはタンパク質(約7%)である。無機塩類が占めるのは血しょうの約 0.9% に過ぎない。よって，誤り。

④ 酸素は赤血球中に含まれるヘモグロビンに結合して運搬される。よって，正しい。

⑤ 白血球は免疫を担う血球であり，老廃物の運搬は行わない。老廃物は主に血しょうに溶けて運搬される。よって，誤り。

6 …④

問2 血管が傷ついたときに傷口を塞ぐ働きを持つ血液凝固は，血小板が傷口に集まる(ⓒ)ことで始まる。傷口に集まった血小板が出す因子や血液中の Ca^{2+}，その他の凝固因子の作用により，血液中のプロトロンビンがトロンビンに変化する。次いで，トロンビンがフィブリノーゲンを繊維状のフィブリンに変換し(ⓐ)，フィブリンが血球を絡め取って血ぺいをつくる(ⓑ)。この血ぺいによって傷口が塞がれる。

7 …⑤

問3 傷口では，問2の仕組みにより，血ぺいが形成され，傷口を塞ぐ。よって，②は誤り。このとき,傷口が塞がれる前に侵入した病原体は，免疫の仕組みで排除される。免疫では，まず，自然免疫が働き，傷口に集まったマクロファージなどの白血球が病原体を取り込み,排除する。よって，①は誤りで，③は正しい。ナチュラルキラー(NK)細胞は病原体を直接攻撃するのではなく，感染細胞やがん細胞などの異常な細胞を攻撃する。よって，④は誤り。自然免疫で排除しきれない場合，病原体を取り込んだ樹状細胞が近くのリンパ節に移動して病原体の情報をヘルパーT細胞やキラーT細胞に伝える(抗原提示)。抗原提示を受けたキラーT細胞は病原体に感染した細胞を攻撃して破壊する。また，ヘルパーT細胞は同じ抗原を認識するB細胞を活性化する。活性化したB細胞は抗体産生細胞(形質細胞)に分化し，抗体を産生・放出する。よって，⑤は誤り。

8 …③

問4 血管の構造には，動脈は筋肉層が発達して血管壁が厚い，静脈は血管壁が薄く逆流を防ぐ弁があるという特徴を持つ。動脈が厚い血管壁を持つのは，心臓から拍出される血液の血圧に耐えるためであり，毛細血管を通過した静脈血は血圧が低いので，血管壁が厚い必要はない。よって，静脈は管$\underline{B}_{ア}$である。また，腎臓は腹部背側に1対，図1では「部位$\underline{Y}_{イ}$」の文字と同じくらいの位置にある。

9 …⑤

問5 管Cは輸尿管であり，腎臓でのろ過と再吸収の過程を経て生成された尿が通る。ろ過の過程では，糸球体の膜を通過できない血球やタンパク質を除き，尿素などの老廃物，グルコースや無機塩類など様々な成分がろ過される。健康なヒトでは，原尿のうちグルコースは100%再吸収される。無機塩類や尿素は一部が再吸収されることにより体液の濃度が一定に保たれるが，不要な分は尿中に排出される。よって，管Cを通る尿に存在する物質はⓓとⓕである。

発展事項 アミノ酸のろ過と再吸収

アミノ酸がタンパク質の構造単位であることから，ろ過されないと判断したかもしれない。しかし実際は，個々のアミノ酸は小さな分子であるためグルコースと同様にろ過された後，100 % 再吸収される。

10 …②

問6 ブタの腎臓は，ヒトの腎臓と構造や大きさがよく似ているということなので，ヒトの腎臓の構造をそのまま反映できる。墨汁中の黒い成分は微粒子が結合したタンパク質であるため，糸球体ではろ過されず，糸球体が黒く染まる。腎臓は皮質，髄質，腎うの3つの部分からなるが，このうち，糸球体があるのは皮質である。髄質には細尿管(腎細管)が，腎うには集合管の先が伸び，原尿や尿が多く通るが，墨汁を含む血液の量は少なく，ほとんど黒く染まらない。

〈腎臓の構造〉

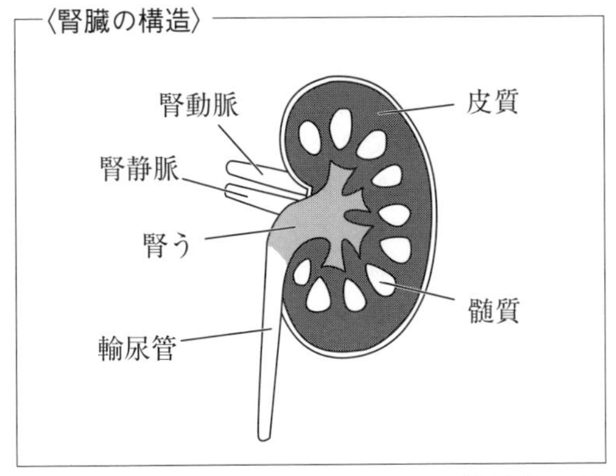

11 … ③

第3問 (生物の多様性と生態系)

A は日本のバイオームと遷移，管理について，知識問題とグラフの解析問題が，B は外来生物の影響と管理について知識に基づく読解問題が出題された。グラフの解析は，慌てずに選択肢を検討していけば正答にたどり着ける。外来生物に関しては定義が与えられているので，問題文を丁寧に読めば迷わずに解けるだろう。

問1　日本は年降水量が十分に多いため，高山や砂浜などの一部を除いて森林のバイオームが成立する。その分布は主に年平均気温によって決まり，南から北に向かって亜熱帯多雨林，照葉樹林，夏緑樹林，針葉樹林が形成される。標高が高くなるにつれて気温が下がるため，この植生の変化は標高に沿っても見られる。針葉樹林も形成できなくなり，それ以上は森林が見られなくなる標高を森林限界という。北海道では本州中部よりも気温が低いため，より低い標高でも気温が低下し，森林ができなくなる。

〈気候とバイオーム〉

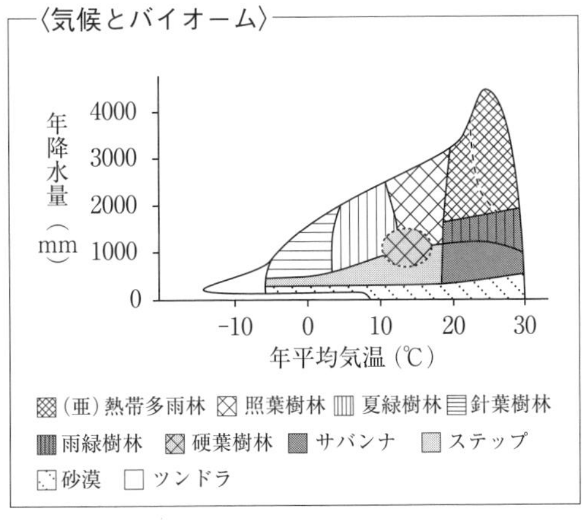

12 … ④

問2　湖沼から始まる湿性遷移では，初めは植物プランクトンが生産者となる。動物プランクトンは光合成を行うことができないので，生産者にはならない。よって，ⓑは誤り。植物プランクトンの枯死体が水底に堆積すると，利用できる養分が増えるほか，水深が浅くなることで水底付近まで光が届くようになり，植物体全体が水中にある沈水植物が優占する。その後，植物体全体が水面に浮かぶ浮葉植物が増えると，沈水植物は光を利用できなくなり，数を減らしていく。これらの植物の枯死体が堆積し，ある程度水深が浅くなると，水底に根を張り，植物体を空中まで伸ばす抽水植物が生育できるようになる。すると，浮葉植物も光を利用しにくくなり，数を減らしていく。このように遷移の進行にしたがって水深が変化し，それに応じて植生が変化する。よって，ⓐは正しい。その後遷移が進むと，湖沼は次第に草原となり，陸上における乾性遷移と同じく，気温や降水量によって森林となることもある。よって，ⓒは正しい。

解答のポイント　湿性遷移

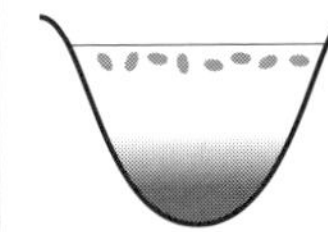

段階1
植物プランクトンが主な生産者となる。
底は暗く，光合成ができない。

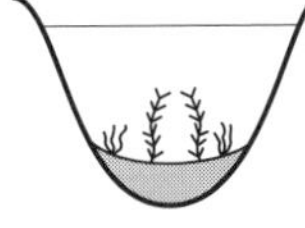

段階2
プランクトンの枯死体により，底が浅くなり有機物も増える。
沈水植物が主な生産者となる。

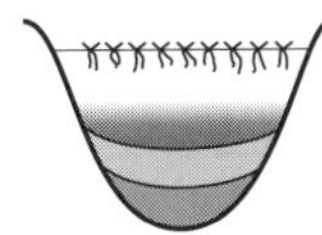

段階3
さらに底が浅くなり，有機物も増える。
浮葉植物が増え，水中は暗い。

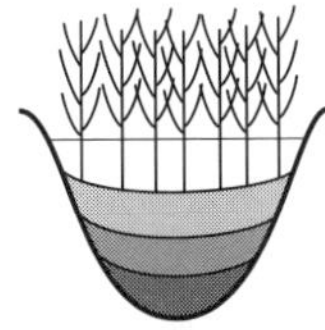

段階4
さらに底が浅くなる。
抽水植物が主な生産者となる。

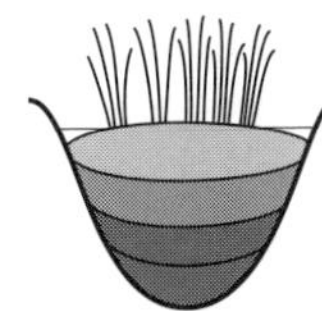

段階5
湖沼が無くなり，湿原や草原になる。
以降は陸上の遷移と同様の過程をたどる。

13 … ⑤

問3　グラフを読み取り，選択肢の割合を検討していこう。

①　全ての植物における希少な草本の種数の割合は，火入れと刈取りの両方を毎年行う区域Ⅱでは，3.8÷28≒0.14となる。一方で，火入れと刈取りのどちらかのみを毎年行う区域Ⅲ，区域Ⅳでは，それぞれ5÷25＝0.2，4÷25＝0.16となり，火入れと刈取りの両方を毎年行う方が割合が小さい。よって，誤り。

②　火入れを毎年行う区域Ⅳでは，全ての植物は平均25種，希少な草本は平均4種である。一方，管理を放棄した区域Ⅴでは，全ての植物は平均22.5種，希少な草本は平均4.5種であり，全ての植物の種数は減っている。よって，誤り。

③　伝統的管理を行う区域Ⅰでは，全ての植物は平均36種，希少な草本は平均8.3種である。一方，火入れと刈取りを毎年行う区域Ⅱでは，全ての植物は平均28種，希少な草本は平均3.8種であり，どちらも伝統的管理を行う方が多い。よって，正しい。

④　管理を放棄する区域Ⅴでは，全ての植物における希少な草本の割合は，4.5÷22.5＝0.2，伝統的管理を行う区域Ⅰでは，8.3÷36≒0.23であり，伝統的管理を行う方が大きい。よって，誤り。

14 … ③

問4　リード文に「人間活動によって本来の生息場所から別の場所に移動させられ，その地域に棲み着いた生物」を外来生物ということが示されている。この記述をもとに選択肢を読んでいこう。

①　アジア原産のクズが北米に持ち込まれているので，このクズは外来生物となる。

②　人工的に育てたサクラマスを本来の生息地に戻しているが，異なる生息地の生物を持ち込んでいるわけではないので外来生物とはいえない。

③　イタチは本来の生息場所である本州から，異なる場所である島に移動している。このように，同じ国内でも本来の生息場所ではない場所に移動させれば外来生物であり，同じ国内での外来生物を特に国内外来種という。

④　メダカ自体はもとの生息地に戻っているため外来生物ではないが，メダカに感染していた細菌は外国から持ち込まれたものであり，外来生物である。

15 … ②

問5　外来生物が生態系に与える影響は，外来生物の個体数が多い方が強くなると考えられる。外来生物を根絶できない場合，定期的に除去して常に個体数を低く抑えることで，外来生物の影響を小さくすることができる。よって，①は正しい。外来生物として生態系に影響を与える生物は，家畜か否かとは関係がない。家畜は，本来生息していない場所で飼育されることが多く，生態系に放たれると，生態系を破壊しながら数を増やす可能性がある。一部の島で，家畜のヤギが野生化し，島の植生を破壊しているなど，家畜が外来生物となる例も多い。また，ペットとして飼われている生物も広義には家畜に含まれる。ペットとして持ち込まれたアライグマやアカミミガメ(ミドリガメ)，近年はネコなどが外来生物として問題となっている。よって，②は誤り。生態系は様々な生物が食物連鎖などの相互作用で繋がっている。外来生物と餌をめぐって競争する別の種を新たに導入すると，餌となる生物はより減少し，絶滅に近づく可能性も考えられる。また，外来生物が侵入する前から，餌となる生物と相互作用を持っていた生物も，個体数が減ったことによる影響を受けることが考えられる。このような影響は次第に広がり，生態系のバランスが回復できない程度まで進行することがある。よって，③は誤り。新たに外来生物が見つかったとき，見つかった直後は数が少ないことも多く，根絶できる可能性が高い。しかし，一度増殖すると，個体数が増えたことで，駆除したときに捕獲しきれないものが生じ，駆除を逃れたものが再び増殖することになる。一度このような状態になると，根絶することが難しくなる。よって，④は誤り。なお，発展的な内容であるが，生物の増加速度は個体数が多い方が速い。

16 … ①

MEMO

MEMO

心を、敵にしないで。

SAPIX YOZEMI GROUP 模試 2024/2025 <高3・高卒生対象>

日程	模試
7/13（土）・14（日）	第１回東大入試プレ
7/21（日）	第１回京大入試プレ
8/ 4（日）	九大入試プレ
8/11（日・祝）	第１回大学入学共通テスト入試プレ
8/18（日）	東北大入試プレ
8/18（日）	阪大入試プレ
10/20（日）	早大入試プレ〈代ゼミ・駿台共催〉
11/ 4（月・振）	慶大入試プレ〈代ゼミ・駿台共催〉
11/10（日）	第２回京大入試プレ
11/10（日）	北大入試プレ
11/16（土）・17（日）	第２回東大入試プレ
11/24（日）	第２回大学入学共通テスト入試プレ

実施日は地区により異なる場合があります。詳細は、代々木ゼミナール各校へお問い合わせください。

代々木ゼミナール

本部校／札幌校／新潟校／名古屋校／大阪南校／福岡校／仙台教育センター／代ゼミオンラインコース

詳細はこちら

代ゼミサテライン予備校

あなたの街で代ゼミの授業を

最寄りの代ゼミサテライン予備校を検索できます。www.yozemi-sateline.ac